高等学校教材

测量学通用基础实验与实习

CELIANGXUE TONGYONG JICHU SHIYAN YU SHIXI

汪金花　宋利杰　张永彬　王　健　主编

测绘出版社

·北京·

内容简介

本书是“测量学”、“测绘学基础”、“数字测图”等教材的配套教材,是相关课程课间实验和集中实习的指导书。全书内容分为实验与实习须知、测量实验、测量实习和附录四个部分。测量实验与实习是本书的主要内容,书中列了十九个实验项目和两个综合实习项目,介绍了各种常规测量仪器的结构、功能、实验与实习方法与精度要求,还介绍了全站仪、GPS-RTK 等数字化测量仪器的操作与使用,内容全面,适用广泛。

本书条理清晰,实验与实习目的内容明确,操作内容描述细致,兼有各种记录手簿,可作为高等院校测绘工程、地理信息系统、采矿工程、地质工程、安全技术与科学、环境工程、土木工程、给排水工程、建筑工程、建筑设备管理、交通工程、交通运输等相关专业本专科的测量学实验教材,也可作为相关专业工程技术人员的参考用书。

图书在版编目(CIP)数据

测量学通用基础实验与实习/汪金花等编著. —北京:测绘出版社,2011.8(2019.12 重印)

ISBN 978-7-5030-2294-4

Ⅰ. ①测…　Ⅱ. ①汪…　Ⅲ. ①测量学－高等学校－教学参考资料　Ⅳ. ①P2

中国版本图书馆 CIP 数据核字(2011)第 158102 号

责任编辑 贾晓林　**封面设计** 李　伟　**责任校对** 董玉珍　李　艳　**责任印制** 吴　芸

出版发行	测绘出版社	**电　　话**	010—83543965(发行部)
地　　址	北京市西城区三里河路 50 号		010—68531609(门市部)
邮政编码	100045		010—68531363(编辑部)
电子信箱	smp@sinomaps.com	**网　　址**	www.chinasmp.com
印　　刷	北京建筑工业印刷厂	**经　　销**	新华书店
成品规格	184mm×260mm		
印　　张	5.5	**字　　数**	130 千字
版　　次	2011 年 8 月第 1 版	**印　　次**	2019 年 12 月第 2 次印刷
印　　数	3001－3500	**定　　价**	12.00 元

书　　号 ISBN 978-7-5030-2294-4/P・546

前　言

测绘学科是一门很有特色的学科并且应用广泛，我国高等教育约有40多个专业设测量学课程实验与实习课程，各个专业对测量学课程有着不同的教学需求。为了方便教学资源的优化配置与开设创新实验，教材编写组对实验内容进行模块化管理设计，本着以实用为主，既立足于本科教学，又服务于生产实际的目标，编写了这本实验与实习教材。

测量实验是"测量学"等相关课程教学期间随堂安排的实践性教学环节，可加深学生对测量学基本概念的理解，初步掌握测量仪器的使用方法并领会操作要领，为后续课程的学习打好基础。本书列出的测量实验项目是按"测量学"学习的先后顺序安排的，实验一至实验九为测量学的基础实验模块；实验十至实验十五是数字测图相关内容实验模块，既是测绘工程专业的必修实验，也可作为非测绘专业选修的创新实验；实验十六至实验十九是非测绘专业选作方向模块的实验内容。

测量实习又称测量学实习，是学习测量学理论知识以后，集中一段时间进行的教学实践活动。本书列出测绘与非测绘两大类综合实习内容，适合测绘工程、地理信息系统、采矿工程、地质工程、安全技术与科学、环境工程、土木工程、给排水工程、建筑工程、建筑设备管理、交通工程、交通运输等十几个专业为期1～6周的测量实习。

全书共分为四个部分。第一部分是实验与实习须知，介绍了测量实验与实习的一般规定和测量仪器的操作规程；第二部分是测量实验，介绍了水准测量、经纬仪测角、水准仪检验与校正、经纬仪检验与校正、全站仪认识、全站仪碎部测量及数据通信、全站仪点位测设及RTK认识和数据采集、建筑工程施工放样、道路曲线测设、井上下联系测量等多项实验项目；第三部分是测量实习，针对非测绘专业的1～2周集中实践教学内容和测绘专业的6周生产实践活动，详细介绍了实习目的与要求、任务与组织、实习进程与技术要求及成果提交具体形式，并且针对不同专业方向的实习设立了实习内容；第四部分包含5个附录。

由于编者水平有限，书中难免出现错误和不足之处，敬请专家、读者指正。

编　者

2010年12月

目　录

第一部分　实验与实习须知

一、实验与实习一般规定

测量学是一门实践性很强的技术基础课，测量实验、实习是测量学教学中不可缺少的实践环节，只有通过实验、实习中对测量仪器的亲自操作，包括仪器的安置、观测、记录、计算、撰写实验与实习报告、绘图等，才能真正掌握测量的基本方法和基本技能。因此，必须对测量实验、实习予以充分重视。

(1)实验与实习前，必须阅读《测量学》的有关章节及相应测量实验项目。实验与实习时必须携带本书和实验与实习指导书所需的文具用品。

(2)实验与实习时，分别以小组为单位进行，组长负责组织和协调实验与实习工作，办理所用仪器备品的借用和归还手续。

(3)实验与实习应在规定的时间和指定的场地内进行，不得无故缺席、迟到、早退，不得擅自改变地点或离开现场。

(4)遵守"测量仪器备品的借用规则"，听从指导教师的指导，严格按照实验、实习的要求，认真、按时、独立地完成任务。

(5)用2H或3H铅笔填写测量手簿，选用正楷字体书写文字及数字，字迹工整端正。观测前，应先将仪器型号、编号、日期、天气、记录者、观测者、测站和已知数据等填写在观测手簿上，应填写齐全，不得有漏项。

(6)记录者听取观测者读数后，应向观测者回报读数，以免记错。

(7)若发现记录数据有错误，不准涂改，不准用橡皮擦拭，不准事后转抄(运算数据写错时可用橡皮擦去重写)，而应用细斜线划去错误数字，在原数字上方写出正确数字。观测数据的尾数不得更改。记录数据要完整(如水准尺读数1.500，度盘读数126°06′00″)，不可将尾数零省略。

(8)每一测站观测完成后，必须立即进行计算和检核，确认无误后，方可迁站。

(9)数据的运算中，按"4舍6入，5前单进、双舍"的规则进行凑整，如1.426 4 m，1.425 6 m，1.426 5 m，1.425 5 m等，这些数字若取至毫米位，则均记为1.426 m。

(10)实验与实习结束后，应将观测记录、实验报告和实习成果提交指导教师审阅，及时对仪器设备和相应物品作必要的清洁，送归实验室检查验收，办理仪器退还手续。

二、测量仪器操作规程

测量仪器是贵重的精密仪器，目前向电子化、数字化方向发展，其使用功能日益先进，价格也更为昂贵。对测量仪器必须正确使用，精心呵护和科学保养，这是作为测量工作者应具备的基本素质和技能，也是保证测量成果质量，提高工作效率和延长仪器备品使用年限的必要条件。因此，在测量中必须严格遵守下列仪器备品的操作规程。

1.仪器备品的借用

(1)以实验、实习小组为单位,凭学生证到实验室办理测量仪器和备品借用手续。

(2)按照本次实验项目或实习项目的要求借用仪器及备品。借用时,一定当场清点检查仪器备品的数量,保证数量齐全,实物与清单相符,器件完好,如有缺损需要进行补领或更换。

(3)搬运前,必须检查仪器箱是否锁好;搬运时,必须轻取轻放,避免剧烈震动和碰撞。

(4)实验、实习结束后,应及时收装清点仪器备品,清除仪器备品上的泥土,特别是钢尺,必须擦净涂油,以防生锈,送归实验室检查验收。

(5)仪器设备若有丢失和损坏,应写出书面报告说明情况,进行登记,并按有关规定进行赔偿。

2.仪器的安置

(1)先将仪器的三脚架在地面安置稳妥,架头大致水平,高度适中,安置经纬仪的脚架必须与地面点大致对中,若为泥土地,应将脚架尖踩入土中,若为坚实地面,应防止脚架滑动。

(2)从仪器箱中取出仪器之前,一定要注意仪器在箱中的正确位置,以免仪器装箱时困难。取出仪器时,应先松开制动螺旋,用双手握住支架或基座,轻轻安放到三脚架架头上,一手握住仪器另一手旋紧连接螺旋,使仪器与三脚架连接牢固。

(3)安置好仪器以后,关闭仪器箱,防止灰尘等进入箱内。严禁坐在仪器箱上。

3.仪器的使用

(1)仪器安置在三脚架上之后,无论是否操作,必须有人看护,避免仪器被路过行人或车辆碰撞。

(2)仪器镜头上的灰尘,应该用软毛刷或镜头纸轻轻擦拭,严禁用手指或手帕等擦拭,观测结束后应及时套上物镜盖。任何时候都不应该将望远镜瞄准太阳,以免灼伤眼睛。

(3)在阳光下观测,应撑伞防晒,雨天应禁止观测;对于电子测量仪器,在任何情况下均应撑伞防护。

(4)转动仪器时,应先松开制动螺旋,然后平稳转动;若仪器旋转手感有阻力时,不要使劲扳动,应查明原因。使用微动螺旋时,应先旋紧制动螺旋,制动螺旋的松紧要适度。微动螺旋不要旋到顶端。使用各种螺旋都应均匀用力,以免损伤螺纹。

(5)仪器在使用过程中发生故障,应及时向指导教师或实验室工作人员报告,不得擅自处理。

4.仪器的搬迁

(1)若距离较远,必须将仪器装箱后再迁站。

(2)若距离较近,可将仪器连同脚架一起迁站。迁站前,先检查连接螺旋是否旋紧,松开各制动螺旋,若是经纬仪,则将望远镜物镜向着度盘中心,取下垂球,均匀收拢三脚架腿,一手握住基座或支架放在胸前,一手抱住脚架,稳步行走。严谨扛仪器,以防碰撞。

(3)迁站前,应带走仪器所有附件及备品等,防止丢失。

5.仪器的装箱

(1)仪器装箱前,应先将脚螺旋调至中段使其大致处于同高位置,清除仪器上的灰尘,套上物镜盖,松开各制动螺旋。一手握住仪器,一手松开连接螺旋,双手取下仪器。

(2)仪器放入箱内,应是正确就位,试关箱盖,确认放妥后,再放入垂球,关箱上锁。若箱盖合不上,务必要调整仪器位置,切不可强压箱盖,以防损坏仪器。

6.备品的使用

(1)使用钢尺时，应使尺面平铺地面，防止扭转、打圈，防止人、车踩压，尽量避免钢尺沾水。量好一尺段前进时，必须将钢尺提起离地，携尺前进，不得将尺沿地面拖行，以免磨损尺面刻划甚至折断钢尺。钢尺用毕，应擦净并涂油防锈。

(2)皮尺的使用方法基本上与钢尺相同，量距时使用的拉力应小于钢尺，防止皮尺沾水，皮尺如果受潮，应晾干后再卷入盒内，卷皮尺时切忌扭转卷入。

(3)使用测图板时，应注意保护板面，不得乱写乱扎，不能施以重压。

(4)使用水准尺和标杆时，应注意防止横向压力，防止竖立时倒下，防止尺面分划受磨损；使用塔尺时，应注意接口处的正确连接，用后及时收尺。标杆不可当棍棒来玩耍，也不可用来抬仪器和其他备品。

(5)小件备品如垂球、测钎、尺垫等用完即收，防止丢失。

第二部分　测量实验

实验项目由教师在实验课之前通知，学生提前预习，明确实验目的，内容和操作方法。实验的学时数为 2～4 学时，实验小组人数一般为 4 人，但也应根据实验的具体内容以及仪器设备条件做灵活安排，以保证每人都能进行观测、记录、绘图等实践。

每项实验应在观测时做现场记录，并做必要的计算；若发现实验结果不符合要求，应及时补做。实验结束后上交观测成果和实验报告。

实验一　水准仪的认识与使用

一、实验目的

(1)了解水准仪的基本构造和性能，认识其主要构件的名称和作用。

(2)练习水准仪的安置、瞄准、读数和高差计算。

(3)了解自动安平水准仪的使用方法。

二、实验设备、人员、学时

(1)设备：每组 1 台 DS3 水准仪(附脚架)，水准尺 2 根，记录板 1 块。

(2)人员：每组 4 人，轮流操作、记录和扶尺。

(3)学时：课内 2 学时。

三、实验内容及方法

1. 认识微倾式水准仪的构造和各部件的名称

图 1-1 为 DS3 水准仪的外形及各部件名称，按图对照仪器实物，找到各个部件，并熟悉它们的名称。

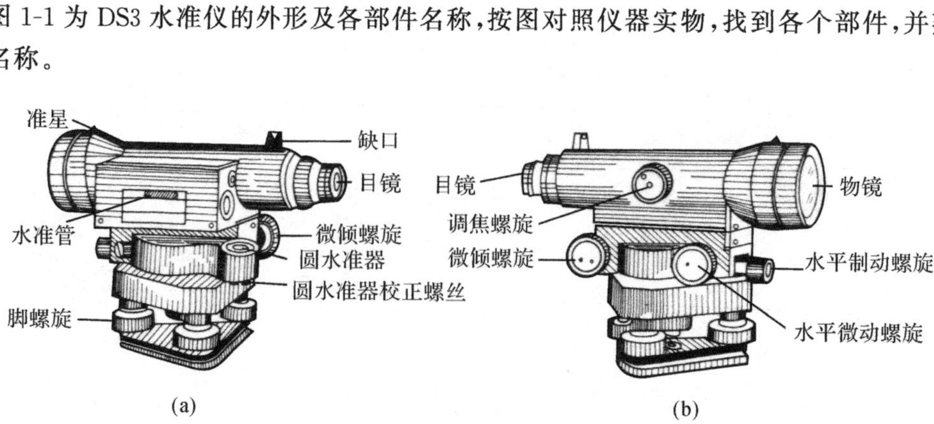

图 1-1　微倾式水准仪

2. 水准仪的安置

(1)测量仪器所安置的地点称为测站。在选定的测站上松开脚架伸缩螺旋，按需要调整架腿长度，将螺旋旋紧。安放三脚架时，先安放其中一条架腿，手执另外两条架腿，移动至三脚架架头大致水平时放下，顺着架腿方向把三脚架的脚尖踩入土中。

(2)把水准仪从箱中取出，放到三脚架架头上，一手握住仪器，一手将三脚架架头的连接螺旋旋入仪器基座内，旋紧，并用手试推一下仪器，检验真正连接牢固后松手。

3. 仪器的粗平

水准仪的粗平是通过旋转仪器的脚螺旋使圆水准器的气泡居中。

(1)如图 1-2(a)所示，操作者双手各执一个脚螺旋(第三个脚螺旋居于操作者正前方)，双手同时向内(或向外)旋转这两个脚螺旋，使气泡移动至两脚螺旋连线方向的中点处。

(2)如图 1-2(b)所示，左手旋转第三个脚螺旋使气泡居中。气泡移动的方向遵循左手拇指定律。

(3)若气泡仍有偏离，应重复上面的操作至气泡居中。

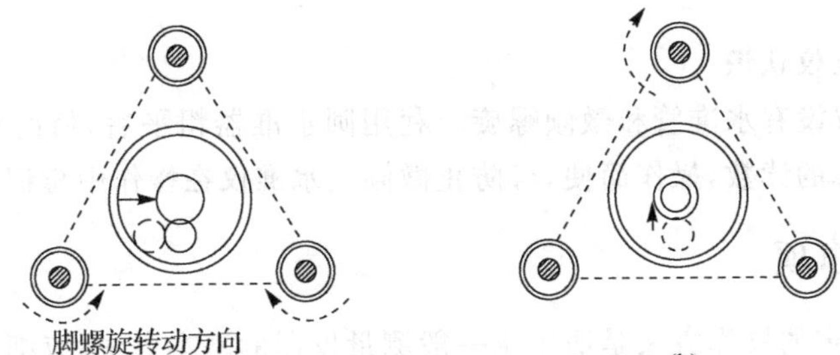

图 1-2 圆水准气泡的居中

4. 瞄准

进行水准测量时，用望远镜瞄准水准尺的步骤是：

(1)将望远镜对准明亮背景，进行目镜调焦，使十字丝最清晰。

(2)松开制动螺旋，转动望远镜，通过望远镜上的缺口和准星初步瞄准水准尺，旋紧制动螺旋。

(3)进行物镜调焦，使水准尺影像十分清晰。

(4)转动微动螺旋，使水准尺影像的一侧靠近十字丝纵丝(便于检查水准尺是否竖直)，眼睛略作上下移动，检查十字丝与水准尺分划之间是否有相对移动现象，即视差现象。如果存在视差，则重新进行目镜调焦与物镜调焦，以消除视差。

5. 精平

精确整平水准管，使水准仪的视线水平，是水准测量中关键的一步。转动微倾螺旋，使水准管气泡居中。

从目镜旁的气泡观察镜中，可以看到气泡两个半边的像，如图 1-3 所示。当两端的像符合时，水准管气泡居中。操作时应注意微倾螺旋转动方向与水准管气泡影像移动的规律性，可以又快又准完成精平。

6. 读数

在倒像望远镜中看到水准尺的影像是倒立的，为了读数方便，水准尺上的注记数字是倒写的，在望远镜中看到的数字是正的。尺上数字以米为单位，每隔 10 cm 注字。每个黑色（或红色）和白色的分划宽度为 1 cm，可估读到毫米。以十字丝横丝读数时，读取横丝切准的分划的读数，应从小的注记数字往大的注记数字方向读。对于倒像望远镜，则是从上往下读至横丝。

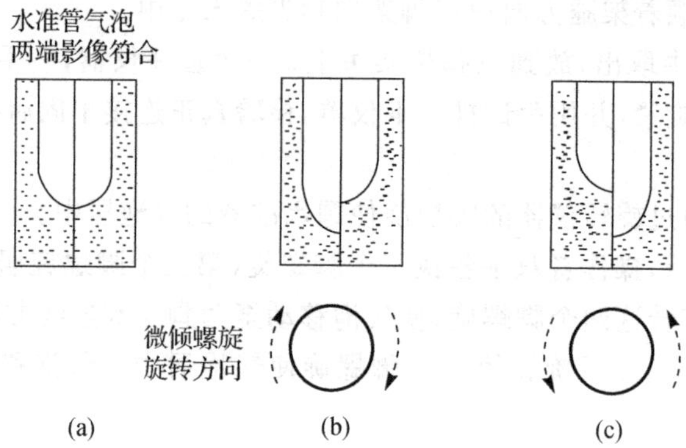

图 1-3　水准管气泡的居中

7. 自动安平水准仪认识

自动安平水准仪没有水准管和微倾螺旋。利用圆水准器粗平后，借助自动补偿器的作用可迅速获得水平视线的读数，操作简便，可防止微倾式水准仪在操作中忘记精平的失误。

四、实验注意事项

（1）本书一些规定的操作方法是适用于一般测量仪器的基本方法，应细心体会，认真执行，养成良好的作业习惯。

（2）望远镜调焦透镜的运动正确与否，直接关系到视准轴是否发生变化。因此，调焦透镜的运动，必须严格地保持几个透镜的主轴线一致，其结构是十分精密的。转动调焦螺旋使调焦透镜运动的机械结构也是比较精密的。为保持这种精密性，在转动调焦螺旋时，动作要轻而平稳，决不可粗暴地快速旋转。

（3）视差不能消除的另一个原因是，在目镜调焦和物镜调焦时，眼睛看十字丝和看物像时，自行调焦，用了两个不同的焦距，因而使像和十字丝不在一个平面上。消除的办法是在目镜调焦看十字丝和物镜调焦看物像时，都不要使眼睛紧张，而要始终处于松弛状态，控制眼睛本身不做调焦。为做到这一点，除自我放松外，还应在观测时，另一只眼也要放松全睁。由于望远镜的出瞳直径为 1.5 mm，人眼的瞳孔直径为 2.0 mm，所以检查有无视差时，眼睛上、下移动的距离不宜大于 0.5 mm，否则会因观察物像不清晰引起错觉。

（4）从水准尺上读数必须达四位数：米、分米、厘米、毫米。不到 1 m 的读数，前面以零补齐，如 0.485 m，记作 0485；若整分米、整厘米的读数，后面相应的位数也应以零补齐，如 1.400 m，则记作 1 400。

五、实验成果

表 1-1 水准测量读数练习

日期____________ 仪器名称____________ 观测者____________

天气____________ 仪器号码____________ 记录者____________

测站	测点		水准尺读数/mm		高差/mm	备注
	后视	前视	后视 a	前视 b		

实验二 工程水准测量

一、实验目的

(1)练习水准测量测站与转点的选择,水准尺的立尺方法,测站上的仪器操作。

(2)掌握工程水准测量的两次仪器高法的施测、记录、高差闭合差调整及高程计算的方法。

二、实验设备、人员、学时

(1)设备:每组 1 台 DS3 水准仪(附脚架),水准尺 2 根,尺垫 2 个,记录板 1 块。

(2)人员:每组 4 人,轮流观测、记录和扶尺。

(3)学时:课内 2 学时。

三、实验内容及方法

(1)如图 2-1 所示,从实验场地的某一水准点(或凸出点的固定地物)出发,选定一条闭合水准路线,其长度以安置 4～6 个测站、视线长度 20～30 m 为宜。转点可以选择有凸出点的固定地物或安放尺垫。

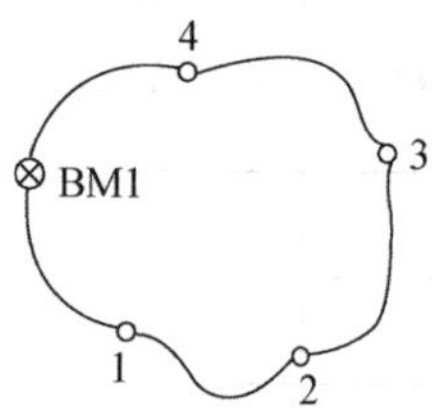

图 2-1　闭合水准路线

(2)在起始点与第一个立尺点中间(用目估或用步测使前后视的距离大致相等)安置水准仪,观测者按下列顺序观测:

——后视立于起始点上的水准尺,瞄准、精平、读数并记入表 2-1 内的第 1 栏中;

——前视立于第一点上的水准尺,瞄准、精平、读数并记入表 2-1 内的第 2 栏中;

——改变水准仪高度 10cm 左右,重新安置水准仪;

——前视立于第一点上的水准尺,瞄准、精平、读数并记入表 2-1 内的第 4 栏中;

——后视立于起始点上的水准尺,瞄准、精平、读数并记入表 2-1 内的第 3 栏中。

(3)观测者的每次读数,读数估读到毫米,记录者应当场记下;后视、前视读毕,应当场计算高差,记于表 2-1 相应栏内,并作测站检核。

第一次仪器高所测高差 (5)=(1)−(2);

第二次仪器高所测高差 (6)=(3)−(4);

两次的平均高差 $(7)=\frac{1}{2}[(5)+(6)]$。

(4)依次设站。用相同的方法进行观测,直至回到出发的水准点。

(5)全路线施测完毕,进行计算检核。分别计算前视读数之和$\sum b$、后视读数之和$\sum a$、高差之和$\sum h$,如果$\sum a-\sum b=\sum h$,说明记录者计算正确。

(6)路线检核。计算线路闭合差 f_h,判断是否小于规定限差 $f_{h容}$,否则应当重新测量。

四、实验注意事项

(1)当水准仪瞄准、读数时,水准尺必须立直。尺子的左右倾斜观测者在望远镜中根据纵丝可以发觉,而尺子的前后倾斜则不易发觉,立尺者应注意。当水准尺有前后倾斜的晃动时,观测者应读取横丝所切的尺面最小分划值。

(2)每一测站两次仪器高测得两个高差值之差不应大于 5 mm,否则该站应重测。

(3)每一测站通过上述测站检核,才能搬站。仪器未搬迁时,前、后视立尺点的尺垫均不得移动,仪器搬迁了,后视司尺员方能携尺和尺垫前进,前视立尺点的尺垫仍不得移动,只是将尺面转向,由前视变为后视。不管什么原因,若尺垫未按上述规定发生了移动,不可将其放回原位,而应返回起始点(或上一个水准点)重新开始观测。

(4)搬站时,观测者应寻找并将仪器安置于适当位置(目估选定新的前视立尺点点位,使前、后视距大致相等),后视司尺员携尺及尺垫前进至前视尺(已变为新测站的后视尺)时,应开始步测,直至测站。然后按步测结果由测站前进,确定新的立尺点点位。

(5)闭合路线的高差闭合差应不超过$\pm 40\sqrt{L}$ mm,其中 L 为闭合路线的长度数值,取单位为千米时的数值。

五、实验要求

(1)组内轮换操作，每位同学观测一个闭合环，完成一份记录和计算。

(2)除测站的记录、计算，路线闭合后还应计算$\sum$后、$\sum$前、$\sum h$，并以$\frac{1}{2}$($\sum$后－$\sum$前)＝$\frac{1}{2}\sum h$检核计算的正确性。

(3)如路线检核不超限，应按测站进行闭合差的调整及高差计算。

(4)实验结束后，当场上交“水准测量记录”表。

六、实验成果

表 2-1　工程水准测量记录

日期＿＿＿＿＿＿　仪器名称＿＿＿＿＿＿　观测者＿＿＿＿＿＿

天气＿＿＿＿＿＿　仪器号码＿＿＿＿＿＿　记录者＿＿＿＿＿＿

测站	测点（后视/前视）	测回	水准尺读数/mm 后视 a	水准尺读数/mm 前视 b	测回高差/mm	测回平均高差/mm	改正后高程/m
1	BM1	Ⅰ	(1)	(2)	(5)	(7)	
	1	Ⅱ	(3)	(4)	(6)		

	计算检核	线路检核
检核	$\sum a-\sum b=$ $\sum h=$	$f_h=$ $f_{h容}=$
略图		

实验三　四等水准测量

一、实验目的

(1)练习四等水准测量测站与转点的选择,水准尺的立尺方法,测站上的仪器操作。

(2)掌握四等水准测量红黑面尺法的施测方法。

(3)熟悉四等水准手簿的记录和计算,高差闭合差调整及高程计算的方法。

二、实验设备、人员、学时

(1)设备:每组 1 台 DS3 水准仪(附脚架),水准尺 2 根,尺垫 2 个,记录板 1 块。

(2)人员:每组 4 人,轮流观测、记录和扶尺。

(3)学时:课内 4 学时。

三、实验内容及方法

(1)从实验场地的某一水准点(或凸出点的固定地物)出发,选定一条闭合水准路线,其长度以安置 4～6 个测站、视线长度 20～30 m 为宜。转点可以选择有凸出点的固定地物或安放尺垫。

(2)在起始点与第一个立尺点中间(用目估或用步测使前后视的距离大致相等)安置水准仪,观测者按下列顺序观测:

——后视立于起始点上的水准尺黑面,读取上、下丝读数并记入表 3-2 内的第 1 栏和第 2 栏中。精平,读取中丝读数并记入表 3-2 内的第 3 栏中。

——前视立于第一点上的水准尺黑面,读取上、下丝读数并记入表 3-2 内的第 5 栏和第 6 栏中。精平,读取中丝读数并记入表 3-2 内的第 4 栏中。

——前视立于第一点上的水准尺红面,精平,读取中丝读数并记入表 3-2 内的第 7 栏中。

——后视立于起始点上的水准尺红面,精平,读取中丝读数并记入表 3-2 内的第 8 栏中。

(3)观测者的每次读数,读数估读到毫米,记录者应当场记下;后视、前视读毕,应当场计算高差,并作测站检核。一个测站上的高差计算与检核内容如下,各项限差见表 3-1,记录栏号见表 3-2。

表 3-1　四等水准测量的技术限差

视线高度/m	视距长度/m	前后视距差/m	前后视距累积差/m	红黑面读数差/mm	红黑面高差之差/mm	高差闭合差/mm
≥0.2	≤80	≤3	≤10	≤3	≤5	$20\sqrt{L}$

注:L 为路线总长度。

后视距离:(9)=[(1)-(2)]×100。

前视距离:(10)=[(5)-(6)]×100。

前后视距差:(11)=(9)-(10)。

视距累积差:(12)=$(12)_{上}+(11)_{本}$。

红黑面差：(13)=(4)+K-(7)，(14)=(3)+K-(8)。其中 K 为 4.787 m 或 4.687 m。

黑面高差：(15)=(3)-(4)。

红面高差：(16)=(8)-(7)。

高差之差：(17)=(15)-(16)=(14)-(13)。

平均高差：(18)=$\frac{1}{2}$\{(15)+[(16)±0.100]\}。

每个测站读数((1)～(8))，结束后，随即进行(9)～(18)各项计算，并按照表 3-1 进行各项检验，满足限差要求后才能搬迁到下一个测站。

(4)依次设站，用相同的方法进行观测，直至线路终点。

(5)线路上各测段的计算与检验要求。在水准测量施测时，每隔一段距离或若干个测站，应进行相应的测段高差计算与检核。两水准点之间为测段，测段计算与检核的内容包括测段总长度、总高差和视距累积差。

总长度计算：$D=\sum$[(9)+(10)]。

总高差计算与检核：\{$\sum$[(3)+(8)]-$\sum$[(4)+(7)]\}/2=\{$\sum$[(15)+(16)]\}/2=$\sum$(18)。

视距累积差检核：最后一站的视距累积差等于$\sum$(9)-$\sum$(10)。

(6)全路线施测完毕，应作路线检核，计算线路的高差闭合差。按四等水准测量规定，线路高差闭合差的容许值$\pm 20\sqrt{L}$ mm。其中，L 为路线的总长度，单位为千米。

四、实验注意事项

(1)读数前应消除视差，水准管的气泡一定要严格居中。

(2)上、下丝读数的平均值与中丝读数的差值不得超过±1 mm，超限应重读。

(3)仪器未搬站，后视尺不可移动；仪器搬站时，前视尺不可移动。

(4)每站观测完毕，立即进行计算，该测站的所有检核均符合要求后才能搬站，否则必须重测。

(5)计算平均高差时，都是以黑面尺计算所得高差为基准，将红面尺计算所得高差加上 0.1 m或者减去 0.1 m，与黑面尺高差接近后，再取两者平均值作为测站的高差。

(6)每页计算校核时，后视黑、红面读数总和减去前视黑、红面读数总和应等于各站黑、红面高差总和。

五、实验要求

组内轮换操作，每位同学观测一个闭合环，完成一份记录和计算。

六、实验成果

表 3-2 四等水准测量记录表

日期__________ 仪器名称__________ 观测者__________

天气__________ 仪器号码__________ 记录者__________

<table>
<tr><td rowspan="4">测站编号</td><td rowspan="4">点号</td><td>后尺 下丝</td><td>前尺 下丝</td><td rowspan="4">方向</td><td colspan="2" rowspan="2">水准尺读数/m</td><td rowspan="4">黑+K</td><td rowspan="4">备 注</td></tr>
<tr><td>上丝</td><td>上丝</td></tr>
<tr><td>后视距/m</td><td>前视距/m</td><td rowspan="2">黑面</td><td rowspan="2">红面</td></tr>
<tr><td>视距差 d/m</td><td>Σd/m</td></tr>
<tr><td rowspan="4"></td><td rowspan="4">后视点号—前视点号</td><td>(1)</td><td>(5)</td><td>后</td><td>(3)</td><td>(8)</td><td>(14)</td><td rowspan="4"></td></tr>
<tr><td>(2)</td><td>(6)</td><td>前</td><td>(4)</td><td>(7)</td><td>(13)</td></tr>
<tr><td>(9)=(1)−(2)</td><td>(10)=(5)−(6)</td><td>后−前</td><td>(15)=(3)−(4)</td><td>(16)=(8)−(7)</td><td>(17)</td></tr>
<tr><td>(11)=(9)−(10)</td><td>(12)=(12)$_{上}$+(11)$_{本}$</td><td>h</td><td colspan="2">(18)</td><td></td></tr>
<tr><td rowspan="4"></td><td rowspan="4"></td><td></td><td></td><td></td><td></td><td></td><td></td><td rowspan="4"></td></tr>
<tr><td></td><td></td><td></td><td></td><td></td><td></td></tr>
<tr><td></td><td></td><td></td><td></td><td></td><td></td></tr>
<tr><td></td><td></td><td></td><td colspan="2"></td><td></td></tr>
<tr><td rowspan="4"></td><td rowspan="4"></td><td></td><td></td><td></td><td></td><td></td><td></td><td rowspan="4"></td></tr>
<tr><td></td><td></td><td></td><td></td><td></td><td></td></tr>
<tr><td></td><td></td><td></td><td></td><td></td><td></td></tr>
<tr><td></td><td></td><td></td><td colspan="2"></td><td></td></tr>
<tr><td rowspan="4"></td><td rowspan="4"></td><td></td><td></td><td></td><td></td><td></td><td></td><td rowspan="4"></td></tr>
<tr><td></td><td></td><td></td><td></td><td></td><td></td></tr>
<tr><td></td><td></td><td></td><td></td><td></td><td></td></tr>
<tr><td></td><td></td><td></td><td colspan="2"></td><td></td></tr>
<tr><td rowspan="4"></td><td rowspan="4"></td><td></td><td></td><td></td><td></td><td></td><td></td><td rowspan="4"></td></tr>
<tr><td></td><td></td><td></td><td></td><td></td><td></td></tr>
<tr><td></td><td></td><td></td><td></td><td></td><td></td></tr>
<tr><td></td><td></td><td></td><td colspan="2"></td><td></td></tr>
</table>

<table>
<tr><td rowspan="2">检核</td><td>计算检核</td><td>线路检核</td></tr>
<tr><td>$\Sigma a-\Sigma b=$
$\Sigma h=$</td><td>$f_h=$
$f_{h容}=$</td></tr>
<tr><td>略图</td><td colspan="2"></td></tr>
</table>

实验四　水准仪的检验与校正

一、实验目的

(1)了解水准仪各轴线间应满足的几何条件。

(2)掌握 DS3 水准仪的检验与校正方法。

(3)了解自动安平水准仪的检验和校正方法。

二、实验设备、人员、学时

(1)设备:每组 1 台 DS3 水准仪(附脚架),水准尺 2 根,尺垫 2 个,皮尺 1 把,小螺丝刀 1 把,校正针 1 根,记录板 1 块,铅笔自备。

(2)人员:每组 4 人,轮流检验、记录和扶尺。

(3)学时:课内 2～4 学时。

三、实验内容及方法

1. 了解水准仪的轴线及其应满足的几何条件

如图 4-1 所示,CC 为望远镜视准轴,LL 为水准管轴,$L'L'$ 为圆水准器轴,VV 为竖轴。水准仪提供一条水平视线的主要条件是水准仪的视准轴必须平行于水准管轴($LL /\!/ CC$)。此外,水准仪还应满足以下两个条件:圆水准器轴平行于竖轴($L'L' /\!/ VV$),望远镜十字丝横丝垂直于竖轴。

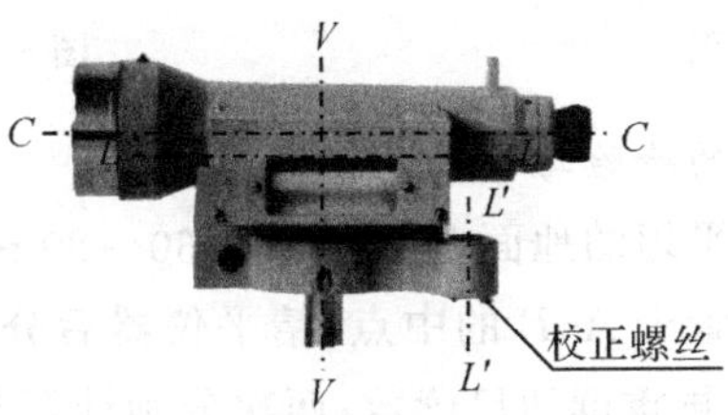

图 4-1　水准仪的轴线

2. 一般性检验

安置仪器后,首先检验三脚架的稳定性,以及制动及微动螺旋、微倾螺旋、脚螺旋、调焦螺旋等是否有效,望远镜成像是否清晰。

3. 轴线几何条件的检验和校正

1)圆水准器轴平行于竖轴的检验和校正

检验:旋转脚螺旋,使圆水准器气泡居中,将水准仪绕竖轴旋转 180°,若气泡仍居中,说明 $L'L' /\!/ VV$ 的条件满足,否则需要校正。

校正:旋转脚螺旋,使圆水准器气泡居中,如图 4-2(a)所示;将水准仪绕竖轴旋转 180°,气泡与中心偏离,距离为 d,如图 4-2(b)所示;先稍微松一下圆水准器底部中央的固定螺丝,拨动圆水准器的校正螺丝,使气泡返回偏移量一半如图 4-2(c)所示;然后转动脚螺旋使气泡居中如图 4-2(d)所示。反复检校,直至水准仪旋转到任何方向时圆水准气泡始终居中为止,最后旋紧固定螺丝。

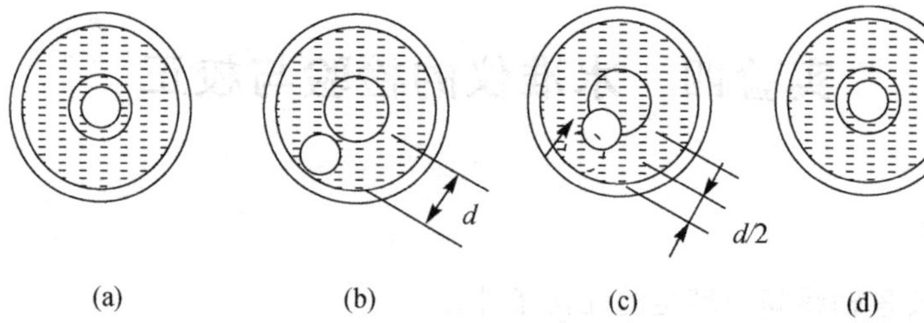

图 4-2　圆水准器校正

2)十字丝横丝垂直于竖轴的检验和校正

检验:整平水准仪,如图 4-3 所示,用十字丝横丝一端瞄准某一明显目标 M(或水准尺读数),如图 4-3(a)所示,旋转水平微动螺旋,若目标始终在横丝上移动(或读数不变)如图 4-3(b)所示,说明十字丝横丝垂直于仪器竖轴,否则需要校正,如图 4-3(c)所示。

校正:旋下十字丝分划板座护垫,如图 4-4 所示,用小螺丝刀旋松十字丝分划板座固定螺丝,微微转动十字丝分划板座,使目标始终与横丝重合为止,旋紧十字丝分划板座固定螺丝,旋上护罩。

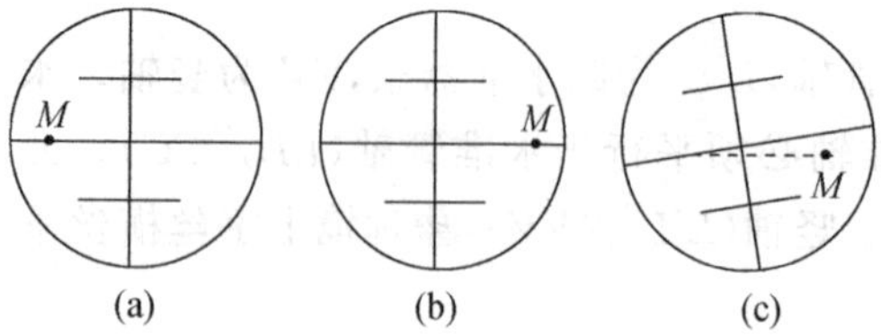

图 4-3　十字丝检验和校正

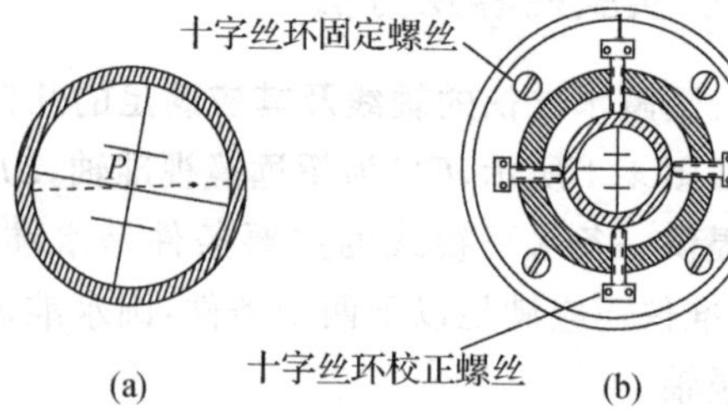

图 4-4　十字丝检验和校正

3)水准管轴平行于视准轴的检验与校正

检验:如图 4-5 所示,先在平坦的地面上选定相距 60～80 m 的 A、B 两点(打木桩或安放尺垫),立水准尺。将水准仪安置于 A、B 的中点,精平仪器后分别读取 A、B 点水准尺的读数 a_1、b_1;改变其高度(或双面尺),再重读两尺读数;两次分别计算高差,高差之差在 3 mm 以内,则取其平均值,作为 A、B 两点的正确高差,用 h_{AB} 表示。然后将水准仪移至 A 点附近 2～3 m 处,安置仪器,精平后分别读取 A、B 点水准尺的读数 a_2、b_2,又测得高差 $h_2=a_2-b_2$,如果 $h_2=h_{AB}$,则说明水准管轴平行于视准轴,否则,可计算出视准轴与水准管轴的交角 i 为

$$i=\frac{h_2-h_{AB}}{D_{AB}}\rho''$$

式中,$\rho''=206\ 265''$,D_{AB} 为 AB 两点间距离。当 $i>20''$ 时,需校正。校正时应先计算出 A 尺的正确读数,第一次高差与第二次高差之差为 $\Delta h=h_2-h_{AB}$,则 A 尺的正确读数应为 $a_2'=a_2-\Delta h$。

校正:旋转微倾螺旋,使十字丝的横丝对准 A 尺上的读数 a_2',视准轴已水平,这时水准管气泡不居中,产生了偏移,用校正针拨动水准管上、下两个校正螺丝,使气泡恢复居中(水准管轴水平),旋紧校正螺丝。重复上述步骤直至 $i<20''$ 为止。

4.自动安平水准仪的检验和校正

圆水准器水准轴平行于竖轴及十字丝横丝垂直于竖轴的检验和校正与一般水准仪相同。

当圆水准器气泡居中时，视线水平的检验与一般水准仪的水准管轴平行于视准轴的检验相同，如果需要校正，只能校正十字丝。

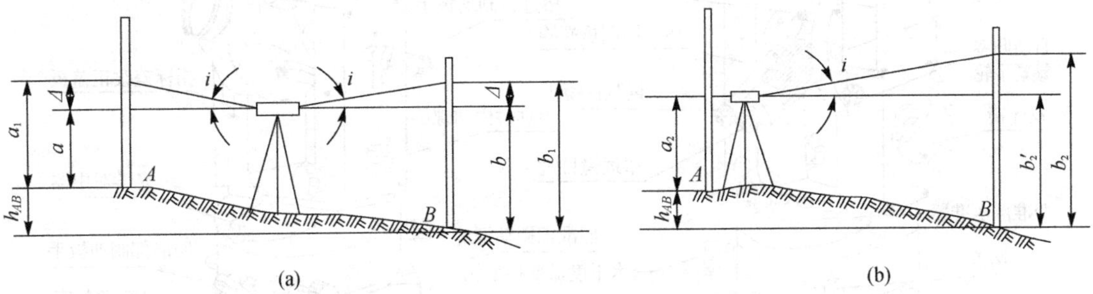

图 4-5 水准管轴检验与校正

自动安平水准仪还应增加一项补偿器棱镜的功能是否正常的检验：瞄准水准尺并读数，用手轻击三脚架架腿，可看到十字丝的横丝仍瞄准原来的读数，则说明补偿器的功能正常。

四、实验注意事项

(1)水准仪的检验必须按实验步骤规定的顺序进行检验校正，不能任意颠倒检验顺序。

(2)拨动校正螺丝时应先松后紧，松紧适度；校正完毕的螺丝应处稍紧状态。

(3)仪器检验与校正是一项难度较大的细致工作，必须严格检查，确认需要校正时，才能校正，绝不可草率从事。检验仪器时需重复进行，直到满足要求为止。

(4)需用校正针校正时，选用校正针的粗细应与校正螺丝孔径相适应，否则会损坏校正螺丝孔径。

实验五 经纬仪的认识与使用

一、实验目的

(1)了解 DJ6 光学经纬仪的基本构造及主要部件的名称。

(2)掌握经纬仪的基本操作方法。

二、实验设备、人员、学时

(1)设备：每组 1 台 DJ6 光学经纬仪(附脚架)，测钎 2 支，记录板 1 块。

(2)人员：每组 2 人，轮流操作仪器和练习读数记录。

(3)学时：课内 2 学时。

三、实验内容及方法

1.认识仪器

图 5-1 所示为北京光学仪器厂生产的 TDJ6 系列光学经纬仪的外形及部件名称。对照实验用仪器实物，找到相应的部件，认其名称及作用。

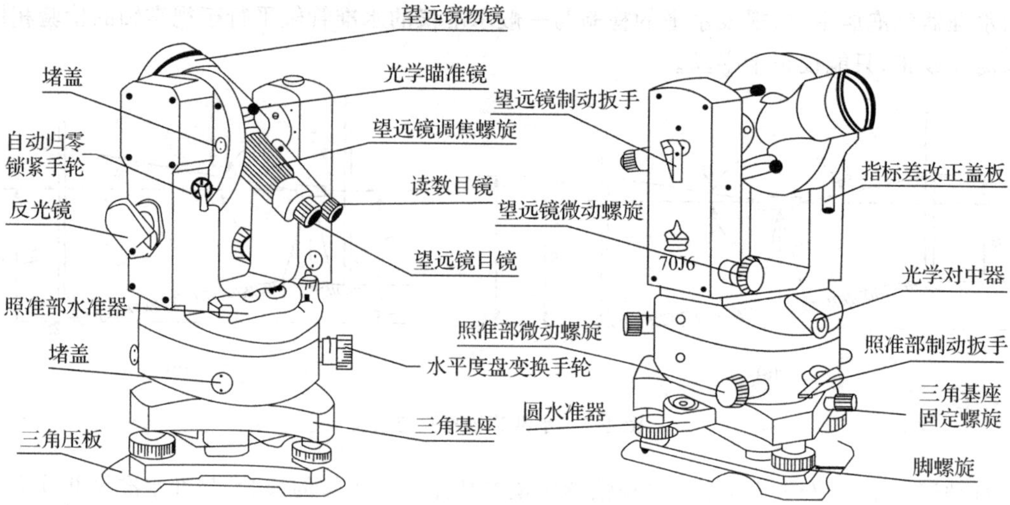

图 5-1 TDJ6 光学经纬仪

2.仪器的对中

(1)伸缩三脚架腿,调节三只架腿长度适中后,旋紧架腿蝶形螺旋。

(2)将一只架腿置于前方,操作者左、右手各执一架腿分别前后左右移动,使架头大致水平,并位于地面点标志中心之上,放下架腿。

(3)从仪器箱中取出经纬仪,双手放到三脚架架头上,一手握仪器支架,一手旋上连接螺旋。

(4)利用光学对中器对中。先用目估法移动脚架,从光学对中器视场里粗略对中地面标志;然后调节对中器目镜,使分划板清晰;微松连接螺旋,在架头上移动基座,使对中器分划圈中心与测站中心重合后,再旋紧连接螺旋。

3.仪器的整平

(1)概略整平(粗平)。根据仪器基座上圆水准气泡偏离中央的情况,利用脚架的伸缩使气泡居中。

(2)精确整平(精平)。转动照准部,使照准部水准管与一对脚螺旋连线相平行,如图 5-2(a)所示,按左手拇指规则相向转动脚螺旋使气泡居中;旋转照准部 90°,如图 5-2(b)所示,旋转第三个脚螺旋使气泡居中。以上步骤重复 1～2 次,使照准部转到任何位置时,水准管气泡的偏离不超过 1～2 格。

4.瞄准目标

(1)将望远镜对向明亮背景进行目镜调焦,使十字丝清晰。

(2)松开照准部水平制动螺旋,用望远镜上的瞄准器对准目标(测钎),使之位于望远镜视场内,旋紧望远镜制动螺旋。

(3)物镜调焦使目标成像清晰,并消除视差。

(4)旋转望远镜微动螺旋,使目标成像高低适中;旋转水平微动螺旋,使十字丝纵丝精确照准目标,如图 5-3 所示。

5.读数

(1)调整度盘照明镜的位置,使读数窗亮度适当。

(2)调整读数显微镜目镜,使度盘分划线清晰。

(3)确定分微尺读数。J6经纬仪一般采用分微尺读数。读数显微镜视场内有两个读数窗口,标明"H"的为水平度盘读数,标明"V"的为垂直度盘读数。度盘分微尺将相当于1°的宽度分为60格,每格对应1′,估读至0.1′,读数时要将估读的零点几分转化为秒数。

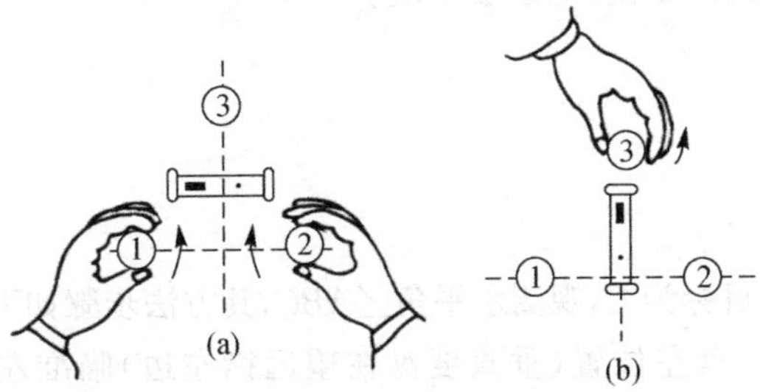

图 5-2　用脚螺旋整平

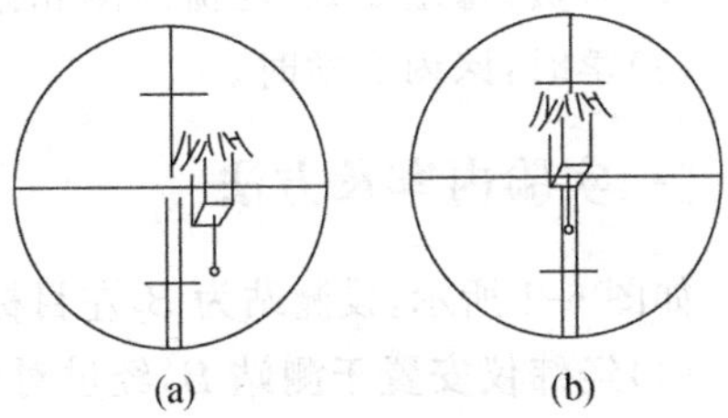

图 5-3　瞄准

6.方向观测练习

(1)盘左、盘右进行观测。松开望远镜制动螺旋和照准部水平制动螺旋,纵转望远镜从盘左转为盘右(或相反),进行瞄准目标和读数的练习。

(2)配置水平度盘位置的练习。旋紧水平制动螺旋,打开保护盖,转动水平度盘位置变换手轮,从度盘读数镜中观察水平度盘的变化情况,并练习读数指标对准某一整数分划,例如:0°00′00″,90°00′00″等。最后盖好保护盖。

四、实验注意事项

(1)仪器对中有垂球法和光学对中器法,本实验介绍光学对中法,也可以练习垂球法。

(2)仪器对中时,应细心体会两手各执一架腿时,架腿的移动和架头的倾斜及位置的关系。若要架头平移,两腿齐动;若要架头倾斜,摆动一只手中的单腿。

(3)光学对中器是外置调焦装置,调焦时需拉出或推进对中器的镜筒使目标影像清晰。

(4)用十字丝纵丝精确照准目标时,若目标成像较宽,大于十字丝双丝宽度的2/3,宜用十字丝纵丝的单丝部分去平分目标;若目标成像较窄,小于十字丝双丝宽度的1/2,宜用纵丝的双丝部分夹准目标。

五、实验要求

(1)每人轮流完成经纬仪的各项操作。

(2)练习读数时,两人可以互相记录。

实验六　测回法观测水平角

一、实验目的

(1)进一步熟悉DJ6经纬仪结构和操作。

(2)掌握用 DJ6 经纬仪测回法观测水平角的操作程序、记录要求和计算方法。

二、实验设备、人员、学时

(1)设备:每组 1 台 DJ6 经纬仪(附脚架),测钎 2 支,记录板 1 块。

(2)人员:每组 2 人,轮流观测和记录。

(3)学时:课内 2 学时。

三、实验内容及方法

如图 6-1 所示,设测站为 B,左目标为 A,右目标为 C,观测水平角$\angle ABC$,其方法步骤如下:

(1)经纬仪安置于测站 B,经过对中与整平,盘左位置(垂直度盘在望远镜左边)瞄准左目标 A 归零后,读取读数 $a_{左}$ 并记录。

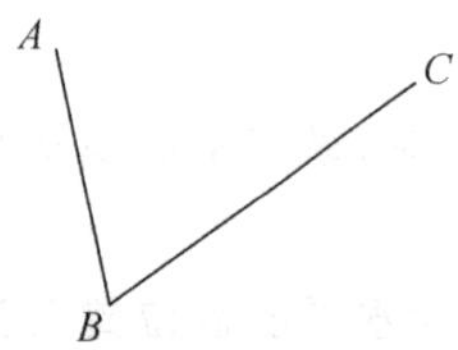

图 6-1 测回法观测水平角

(2)顺时针方向转动照准部,瞄准右目标 C,读取读数 $c_{左}$ 并记录。

(3)计算盘左半测回的水平角值 $L_{左}=c_{左}-a_{左}$。

(4)纵转望远镜成盘右位置(垂直度盘在望远镜右边)瞄准右目标 C,读取读数 $c_{右}$ 并记录。

(5)逆时针方向转动照准部,瞄准左目标 A,读取读数 $a_{右}$并记录。

(6)计算盘右半测回的水平角值 $L_{右}=c_{右}-a_{右}$。

(7)若 $L_{左}$ 与 $L_{右}$ 的差值不大于 $40''$,则取其平均值作为一个全测回(简称一测回)的水平角 $L_1=(L_{左}+L_{右})/2$。

(8)第二个测回观测时,盘左瞄准 A 目标后,用水平度盘位置变换手轮,改变度盘读数约 $90°$,读取读数 $a_{左}$ 并记录,然后再重复(2)至(7)步的操作,得第二个测回的一测回水平角 L_2。

(9)若 L_1 与 L_2 的差值不大于 $24''$,则取两测回平均值作为该角的观测角值,即 $L=(L_1+L_2)/2$。

四、实验注意事项

(1)若需观测 n 个测回,则第 i 个测回的配置度盘位置应略大于$\frac{(i-1)\times 180°}{n}$。各测回配置度盘都应在盘左观测状态照准第一目标时进行。

(2)瞄准目标时,尽可能瞄准其底部,以减少目标倾斜引起的误差。

(3)观测过程中若发现气泡偏移超过一格时,应重新整平仪器并重测该测回。

(4)计算半测回角值时,若左目标读数大于右目标读数时,应将右目标读数加上 360°后再按公式计算。

五、实验要求

在规定学时内,每人必须完成一测回以上的观测、记录和计算。

六、实验成果

表 6-1　测回法观测水平角记录

日期＿＿＿＿＿＿＿　仪器名称＿＿＿＿＿＿＿　观测者＿＿＿＿＿＿＿

天气＿＿＿＿＿＿＿　仪器号码＿＿＿＿＿＿＿　记录者＿＿＿＿＿＿＿

<table>
<tr><th>测回</th><th>竖盘位置</th><th>目标</th><th>水平度盘位置
/(°　′　″)</th><th>半测回角值
/(°　′　″)</th><th>较差
/(″)</th><th>一测回角值
/(°　′　″)</th><th>备注</th></tr>
<tr><td rowspan="4"></td><td rowspan="2">左</td><td></td><td></td><td rowspan="2"></td><td rowspan="4"></td><td rowspan="4"></td><td rowspan="4"></td></tr>
<tr><td></td><td></td></tr>
<tr><td rowspan="2">右</td><td></td><td></td><td rowspan="2"></td></tr>
<tr><td></td><td></td></tr>
<tr><td rowspan="4"></td><td rowspan="2">左</td><td></td><td></td><td rowspan="2"></td><td rowspan="4"></td><td rowspan="4"></td><td rowspan="4"></td></tr>
<tr><td></td><td></td></tr>
<tr><td rowspan="2">右</td><td></td><td></td><td rowspan="2"></td></tr>
<tr><td></td><td></td></tr>
<tr><td>检核</td><td colspan="4">各测回角值最大互差＝

各测回角值的平均值＝</td><td>略图</td><td colspan="2"></td></tr>
</table>

实验七　全圆方向法观测水平角

一、实验目的

(1)进一步熟悉 DJ6 经纬仪的结构与操作。

(2)掌握用 DJ6 经纬仪全圆方向法观测水平角的操作程序、记录要求和计算方法。

二、实验设备、人员、学时

(1)设备:每组 1 台 DJ6 经纬仪(附脚架),测钎 2 支,记录板 1 块。

(2)人员:每组 2 人,轮流观测和记录。

(3)学时:课内 4 学时。

三、实验内容及方法

(1)如图 7-1 所示,安置经纬仪于 O 点,盘左位置,将度盘置于略大于 0°处,观测所选定的起始方向 A,读取水平度盘读数 a,记入表 7-2 的第 4 栏。

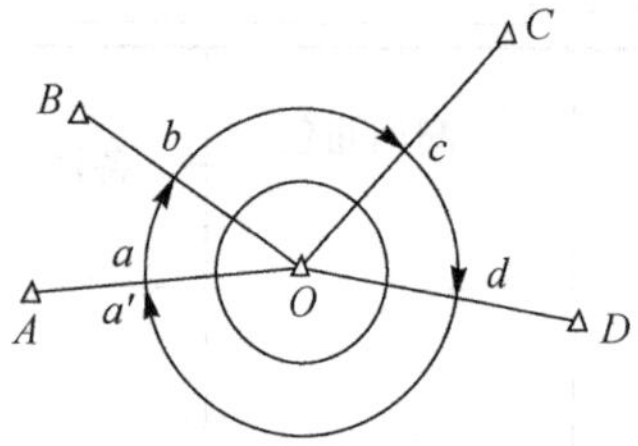

图 7-1　方向观测法

(2)顺时针方向转动照准部,依次瞄准 B、C、D 各点,分别读取读数 b、c、d ,同样记入表 7-2 的第 4 栏。

(3)为了检核再次瞄准目标 A,读取读数 a',此次观测称为归零。a 与 a'之差的绝对值称为上半测回归零差,归零差应不超过表 7-1 的技术要求,否则重测。上述操作称为上半测回。

(4)纵转望远镜成盘右位置。逆时针方向依次瞄准 A、D、C、B、A 各点,并将读数记入表 7-2 的第 5 栏,称为下半测回。如需观测几个测回,则各测回仍按 180°/n 变动水平度盘起始位置。

表 7-1　水平角方向观测法的技术要求

仪器	半测回归零差/(″)	一测回内 2C 互差/(″)	同一方向值测回互差/(″)
J2	8	13	9
J6	18		24

(5)全圆方向法的计算步骤:

——计算两倍照准差(2C)值。2C=盘左读数-(盘右读数±180°)。式中,±取号时,盘右读数大于 180°时取"-"号,盘右读数小于 180°时取"+"号。按各方向计算 2C 并填入表 7-2 的第 6 栏。方向观测法的技术要求见表 7-1 中的规定。超过限差时,应在原度盘位置重测。

——计算各方向的平均读数。平均读数=[盘左读数+(盘右读数±180°)]/2。计算的结果称为方向值,填入表 7-2 的第 7 栏。起始方向有两个平均值,应将这两个数值再次平均,所得的值作为起始方向的方向值,填入表 7-2 的第 7 栏上方,并括以括号。

——计算归零后的方向值。起始方向的归零值设为零,其他各方向归零值是各方向的平均读数减去括号内起始方向的平均读数,即得各方向的归零方向值,填入表 7-2 的第 8 栏。

——计算各测回归零后方向值的平均值。取各测回同一方向归零后的方向值的平均值作为该方向的最后结果,填入表 7-2 的第 9 栏。在取平均值之前,按表 7-1 要求,应计算同一方向归零后的方向值各测回之间的差值有无超限,如果超限则重测。

——计算各目标间水平角值。将表 7-2 第 9 栏中相邻两方向值相减即可求得,注于第 10 栏略图的相应位置。

四、实验注意事项

(1)若需观测 n 个测回,则第 i 个测回的配置度盘位置将略大于 $(i-1)\times180°/n$。各测回均在盘左瞄准左目标时配置度盘位置。

(2)瞄准目标时,观测者应尽可能瞄准观测目标的底部,以减少目标倾斜引起的水平角误差。

(3)观测过程中若发现气泡偏移超过一格时,应整平仪器并重测该测回。

(4)计算半测回角值时，若左目标读数，大于右目标读数时，应将右目标读数加上 360°后再按公式计算。

五、实验要求

(1)在规定学时内，每人必须完成一测回以上的观测和记录、计算。

(2)实验结束时，现场上交方向观测法水平角观测记录和计算结果。

六、实验成果

表 7-2　方向观测法观测水平角记录

日期＿＿＿＿＿＿＿＿　仪器名称＿＿＿＿＿＿＿＿　观测者＿＿＿＿＿＿＿＿

天气＿＿＿＿＿＿＿＿　仪器号码＿＿＿＿＿＿＿＿　记录者＿＿＿＿＿＿＿＿

测站	测回数	目标	水平度盘读数		2C=左−(右±180°)/(″)	平均读数=(左+右±180°)/2 /(°　′　″)	一测回归零方向值/(°　′　″)	各测回归零平均方向值/(°　′　″)
			盘　左 /(°　′　″)	盘　右 /(°　′　″)				
检核	半测回最大归零差= 一测回 2C 最大互差= 同一方向值测回间最大互差=				方向略图			

实验八　经纬仪的检验与校正

一、实验目的

(1)了解光学经纬仪的主要轴线间应满足的几何条件。

(2)掌握光学经纬仪检验与校正的基本方法。

二、实验设备、人员、学时

(1)设备:每组 DJ6 经纬仪 1 台,记录板 1 块,校正针 1 支,小螺丝刀 1 把,皮尺 1 把,铅笔自备。

(2)人员:每组 4 人,轮流观测检验。

(3)学时:课内 4 学时。

三、实验内容及方法

1. 了解经纬仪的轴线及其满足的几何条件

经纬仪的主要轴线如图 8-1 所示,竖轴 VV,照准部水准管轴 LL,视准轴 CC,横轴 HH。仪器结构本身要求,竖轴、水准管轴、视准轴三轴应两两互相垂直并且十字丝竖丝也要垂直于横轴。

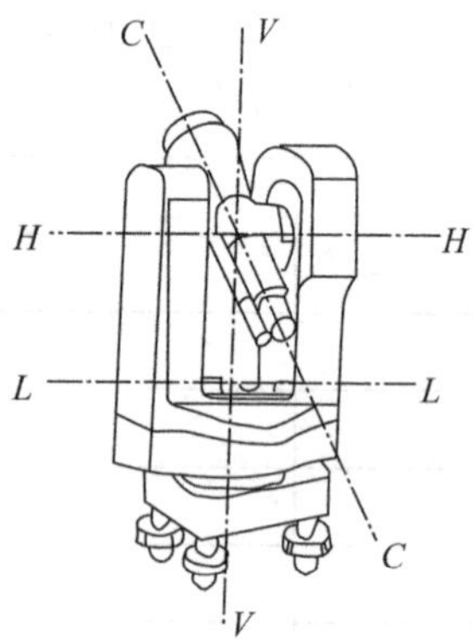

图 8-1　经纬仪示意图

2. 一般性检验

安置仪器后,首先检验三脚架的稳定性,制动及微动螺旋、脚螺旋、调焦螺旋等是否有效,望远镜成像是否清晰。

3. 经纬仪的检验与校正

1)照准部水准管轴垂直于竖轴的检验与校正

检验:安置仪器后,转动照准部使水准管平行于任意一对脚螺旋的连线,转动这对脚螺旋使气泡居中,再将照准部旋转 180°,如果气泡仍然居中,则说明照准部水准管轴垂直于竖轴。若气泡中心偏离水准管零点并超过一格,则需要校正。

校正:拨动水准管校正螺丝,使气泡返回偏移量的一半,旋转脚螺旋返回偏移量的另一半;反复检校,直至照准部旋转至任何位置时水准管气泡偏移量都在一格以内,旋紧校正螺丝。

2)圆水准器轴平行于竖轴的检验与校正

检验:经过照准部水准管轴垂直于竖轴的检验与校正后,用水准管严格整平仪器,此时,竖轴已经铅垂,安装在基座上的圆水准器气泡应该居中,否则需要进行校正。

校正:用校正针转动圆水准器底部的校正螺丝,使圆水准器气泡居中。

3)十字丝竖丝垂直于横轴的检验与校正

检验:望远镜大致水平方向,用望远镜中十字丝交点瞄准远处目标 P,旋转望远镜微动螺旋,使纵丝上、下移动,若 P 点始终与竖丝重合,则说明竖丝垂直于横轴,否则需要校正。

校正:旋下十字丝分划板护罩,用小螺丝刀松开十字丝环固定螺丝,转动十字丝环,使望远镜上、下微动时,P 点始终在竖丝上移动为止,最后旋紧十字丝环固定螺丝。

4)视准轴垂直于横轴的检验与校正

检验:在平坦地区,选择相距约 80 m 的 A、B 两点,在中点 O 安置经纬仪,A 点设一标志,在 B 点上与仪器大致同高处,水平地横置一个有毫米刻划的直尺。先用盘左照准 A 点,再纵转望远镜,在直尺上读取读数为 B_1,如图 8-2(a)所示。然后转动照准部,用盘右照准 A 点,再纵转望远镜,在直尺上读取读数为 B_2,如图 8-2(b)所示。若 B_1、B_2 两点重合,表示视准轴垂直于横轴条件满足,否则需要校正。

校正：如图 8-2(b)所示，由 B_2 点向 B_1 点方向量取 $B_1B_2/4$ 的长度定出 B_3 点。用校正针拨动十字丝两个校正螺丝，使十字丝交点与 B_3 点重合。此项检验校正需要反复进行，直到满足规范为止。

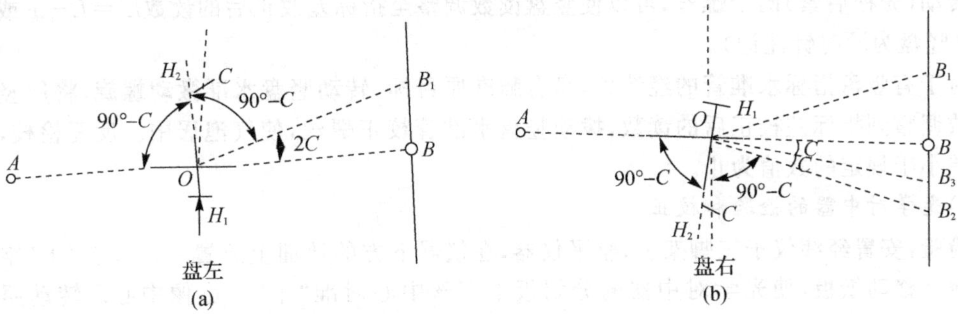

图 8-2　视准轴检验与校正

5）横轴垂直于竖轴的检验与校正

检验：如图 8-3 所示，在距墙面约 10～20 m处安置经纬仪，盘左瞄准竖直角大于 30°墙上高处目标 P，固定照准部；放平望远镜，在墙面上定出十字丝交点 A；盘右再瞄准P 点，放平望远镜，在墙面上定出点 B。若 A、B 重合，则横轴垂直于竖轴，否则需校正。量取 A、B 间距离，按下式计算横轴误差 i，即

$$i=\frac{S_{AB}}{D}\rho''$$

式中，D 为仪器至 P 点的水平距离，用皮尺量取。对 DJ6 经纬仪，当 $i>20''$时需校正。

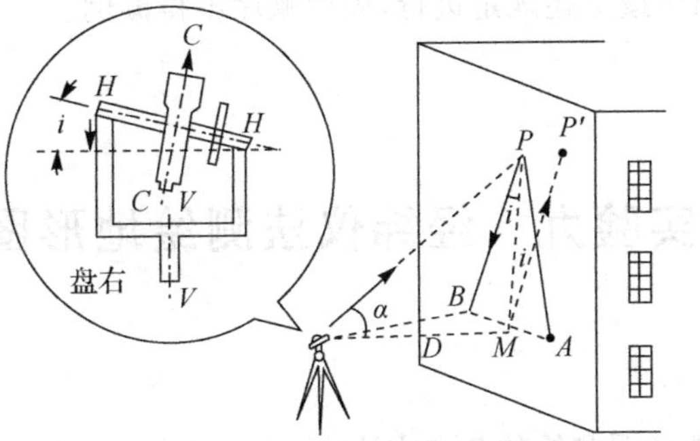

图 8-3　横轴垂直竖轴检验与校正

校正：使十字丝的交点瞄准 A、B 的中点 M，固定照准部，向上转动望远镜，上仰视 P 点并稍微偏离一点。取下望远镜右支架盖板，松开横轴偏心环校正螺丝，转动偏心环，使十字丝交点与 P 点重合后，再固定校正螺丝并上好盖板。由于横轴校正设备密封在仪器内部，一般只作检查，该项校正应由专业人员进行。

6）竖盘指标差的检验与校正

检验：安置经纬仪，分别用盘左、盘右瞄准同一明显目标，使十字丝横丝与目标相切。打开竖盘自动归零补偿器，使其处于 ON 状态(或竖盘指标水准管气泡居中)，读取竖盘读数 L 和 R，计算竖盘指标差：$x=\frac{1}{2}(L+R-360)$。同理再观测另一目标，检验 x 值是否正确。如果 x

超过±60″，则需要进行指标差的校正。

校正：对于有竖盘指标自动归零补偿器的经纬仪，仍会有指标差存在，检验计算方法同上。计算得经指标差改正的盘左或盘右的读数后，打开校正小窗口的盖板，有两个校正螺丝，等量相反转动（先松后紧）两个螺丝，可以使竖盘读数调整至指标差改正后的读数$L'=L-x$或$R'=R-x$（竖盘为顺时针注记）。

对于有竖盘指标水准管的经纬仪，盘右瞄准原目标，转动竖盘水准微动螺旋，将原竖直度盘读数调整到指标差校正后的读数，拨动竖盘水准管校正螺丝，使气泡居中。反复检校，直至指标差小于规定的数值为止。

7）光学对中器的检验和校正

检验：安置经纬仪于三脚架上，整平仪器，在仪器下方的地面上放置一块画有"十"字标记的纸板。移动纸板，使光学对中器的分划板十字丝中心对准"十"字影像中心。转动照准部180°，若光学对中器分划板十字丝中心偏离了纸板上的"十"字影像中心，则需要校正。

校正：目视光学对中器，找出"十"字影像中心与分划板十字丝中心连线的中点P；调整光学对中器上的校正螺丝，使分划板十字丝中心与P点重合即可。

经纬仪的每项检校需反复进行并满足条件，但校正后不能完全满足理论上的要求，一般只要求达到实际作业的精度，因此必然存在残余误差。在实际作业中采用合理的观测方法，这些残余误差大部分是可以消除的。

四、实验注意事项

（1）仪器的检校工作是一项难度较大的细致工作，经严格检验确认需校正时才可进行校正。

（2）检验与校正的顺序按上述规定进行，先后顺序不得颠倒。

实验九　经纬仪法测绘地形图

一、目的与要求

（1）了解大比例尺地形图测绘的基本方法。

（2）掌握经纬仪法测绘大比例尺地形图的操作程序。

二、实验设备、人员、学时

（1）设备：每组1台DJ6经纬仪（附脚架），视距尺1根，半圆仪及直尺各1个，记录板1块，绘图板1块，图纸1张，计算器，自带铅笔。

（2）人员：每组4人，轮流观测、记录和绘图。

（3）学时：课内2学时。

三、实验内容及方法

（1）安置经纬仪。如图9-1所示，在图根控制点A（测站）上安置经纬仪，对中、整平并以另

外一个图根控制点 B(定向点)为定向点进行归零。

(2)量取仪器高。从地面标志点量取到仪器横轴的高度,取位至厘米。

(3)图板定向。在图板上找出地面控制点 A、B 所对应的图面点 a、b,用一条细线连接点,并在 a 点定上量角器半圆仪。

(4)在地物的特征点上立视距尺。立尺时,将刻有"0"的尺端朝下。

(5)视距观测并计算出两点的高差和水平距离。

——以盘左位置照准视距尺,调节目镜及物镜的调焦螺旋,使十字丝视距尺的成像清晰,即以不存在视差为止,并读取水平角。

——为计算方便,调整望远镜,使中丝切视距尺于某一整数刻划,读取中丝读数 l,如图 9-1中 1 号测点的中丝为 2.000 m。

——同时读取下丝读数 a 为 2.530 m 和上丝读数 b 为 1.470 m,并注意 $\left|\frac{a+b}{2}-l\right|\leqslant 6\ \text{mm}$ 的检查。读数时,应注意视距尺上的数据标注,不同的视距尺读数方式有可能不同,要防止数据读错。

——使指标水准管气泡居中或打开竖盘自动补偿装置,读取竖盘读数 $l=81°11'$,竖盘读数只需读到分。

——视距计算应与记录同步进行,观测数据合格后,口算出尺间隔 $t=a-b$ 的值,并由竖盘读数及指标差求竖角 δ。然后用计算器计算测站点 A 至待测点 P 之间的水平距离 D_{AP} 和高差 h_{AP},以及待测点高程 H_P,计算公式为

$$D_{AP}=c\cdot t\cdot\cos^2\delta,\quad h_{AP}=D_{AP}\times\tan\delta+i-l,\quad H_P=H_A+D_{AP}\cdot\tan\delta+i-l$$

(6)绘图员转动量角器,使 ab 零方向线对准量角器刻画线,使量角器上的读数等于水平度盘读数,再按水平距离定出碎部点位置,如图 9-2 所示。碎部点位置用点表示,若是重要地物点则需在点的右侧标注其高程。

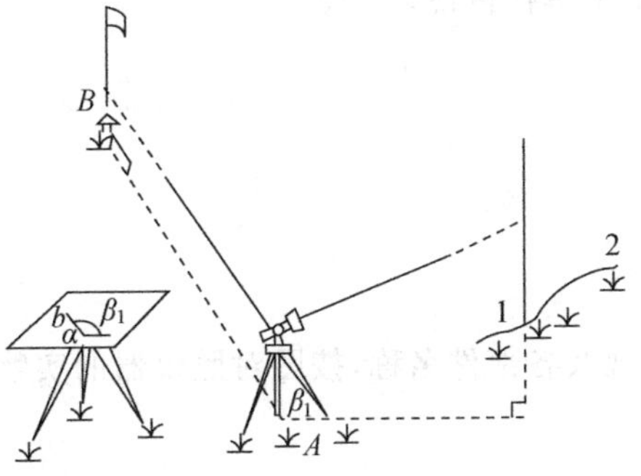

图 9-1　经纬仪碎部测图

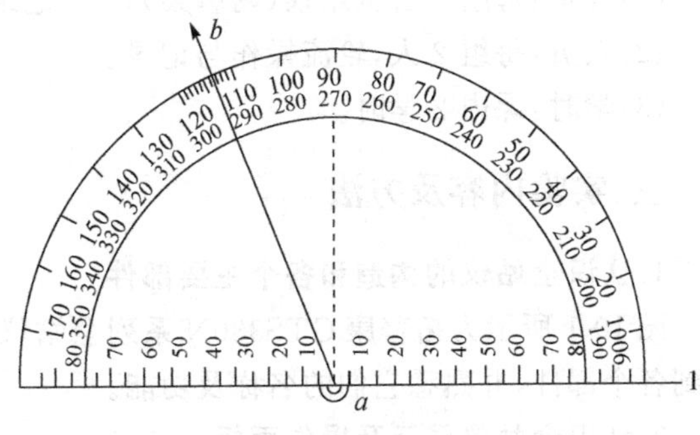

图 9-2　量角器展绘碎部点的方向

(7)重复(4)至(6)步,测出地物其余(特征点)碎部点,连接成一个地物图形,或者测绘出地貌地性线后,勾绘等高线,并对照实地进行检查。

(8)按照地形图图式的要求,描绘地物地貌,并进行图面整饰。

四、实验注意事项

(1)观测时,一定要有人扶尺,尺要正,在读上丝或下丝时,一定要使中丝切在原来的读数

位置，在读取竖盘读数时，指标气泡要居中。三丝读数检核误差若大于 6 mm，则需要重新观测，否则观测结果无效。

(2)经纬仪竖盘指标差不得超过±1′，否则应该校正仪器。

(3)当测站周围碎部点测绘完毕，应及时对经纬仪进行归零检查，归零差应不超过 4′。

(4)半圆形量角器(通常半圆仪)，在分划线上注记两圈度数，外圈为 0°～180°，内圈为 180°～360°。展点时如水平角在 0°～180°范围内，用该量角器外圈度数对准零方向 ab，展点量取距离在直径 0°一侧(图 9-2 中 $a1$)；如果水平角在 180°～360°范围内，则用该量角器内圈度数对准零方向 ab，展点量取距离在直径 0°反方向一侧。

(5) 注记文字头朝北，计算时应尽可能采用可编程的计算器。

(6)小组成员轮流担任观测员、绘图员、标尺员、记录员等工种，在测站上边测、边算、边绘，掌握施测地形碎部点的最佳工作顺序。

实验十　全站仪的认识与使用

一、实验目的

(1)了解全站仪的基本构造和性能，认识其主要构件的名称和作用。

(2)认识全站仪显示屏信息的基本含义及键盘各按钮的基本功能。

(3)掌握全站仪角度测量、距离测量的方法。

二、实验设备、人员、学时

(1)设备：每组 1 台全站仪(附脚架)，1 块记录板，1 个单杆棱镜。

(2)人员：每组 2 人，轮流操作与记录。

(3)学时：课内 2 学时。

三、实验内容及方法

1. 认识全站仪的构造和各个主要部件

图 10-1 所示为拓普康 GTS330N 系列全站仪的外观及各部件名称，按图对照仪器的实物，找到各个部件，并熟悉它们的名称及功能。

2. 认识全站仪显示及操作面板

1)显示面板

显示屏采用点阵式液晶显示，可显示 4 行信息，每行 20 个字符，通常前 3 行显示测量数据，最后 1 行显示随测量模式变化的按键功能。

如图 10-2 所示，前三行信息【HR】、【HD】、【VD】分别代表水平角、水平距离、垂直距离，最后一行的 4 组信息——【测量】、【模式】、【S/A】、【P1】为功能选项，分别与它下面的 4 个功能按钮(F1、F2、F3、F4)相对应。

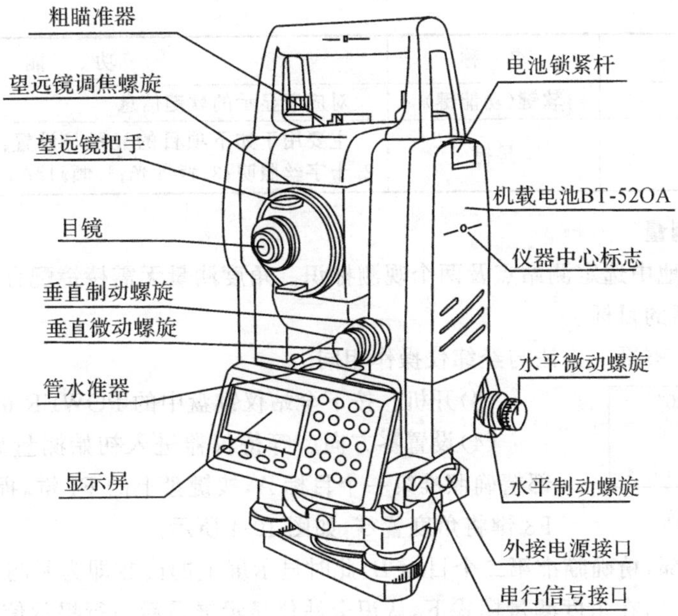

图 10-1 GTS330N 系列全站仪外观及主要部件

2)操作面板

全站仪的操作面板主要包括用于信息输入的字母数字键和用于模式切换、功能执行的功能键，如图 10-3 所示，对应按键的主要功能如表 10-1 所示，在全站仪操作键盘中找到表中所示按钮，认识其功能。

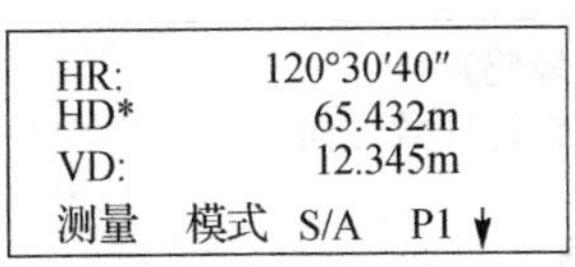

图 10-2 显示屏信息示例

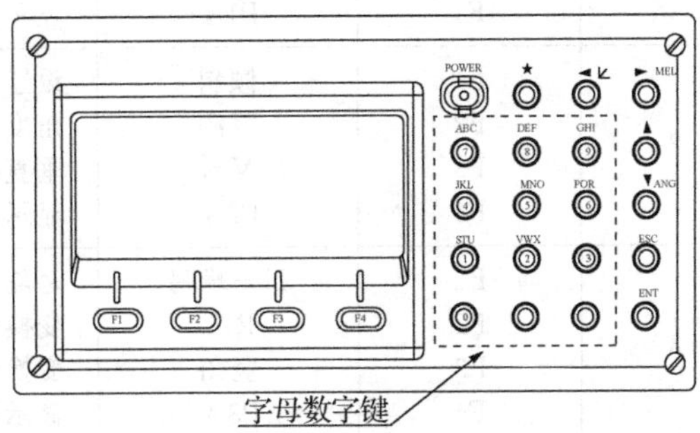

图 10-3 GTS-330N 系列全站仪显示及操作面板

表 10-1 全站仪操作键盘按键功能

按键	名 称	功 能
	坐标测量键	坐标测量模式
	距离测量键	距离测量模式
ANG	角度测量键	角度测量模式
MENU	菜单键	在菜单模式和正常测量模式之间切换，在菜单模式下设置应用测量与调节方式
ENT	确认输入键	在输入值末尾按此键
ESC	退出键	返回测量模式或上一层模式
POWER	电源键	电源开关

续表

按键	名　称	功　　能
F1～F4	软键(功能键)	对应于显示的软键信息
★	星键	主要用于如下项目的显示与设置：1. 显示屏对比度；2. 十字丝照明；3. 背景光；4. 倾斜改正；5. 设置音响模式

3. 基本角度测量

(1)在实验场地中选定测站点及两个观测标识。角度测量无需棱镜配合，标识可以是棱镜杆底端或其他类型的目标。

(2)仪器对中、整平。方法与经纬仪操作相同。

```
V:      90° 10′ 20″
HR:      0° 00′ 00″

置零  锁定  置盘  P1 ↓
```

图 10-4　角度置零

(3)开机。按下全站仪键盘中的 POWER 键开机。

(4)设置零方向。等待仪器进入初始测量界面后，旋转照准部精确照准第一个目标 A，按键盘上的 F1 键，提示确认信息时按 F3 键将角度置零，如图 10-4 所示。

(5)转动照准部，精确瞄准第二个目标 B，此时显示屏上的读数即为所测角度。

(6)对照表 10-2，在角度测量模式下，认识全站仪显示屏最后一行提示信息的含义。

表 10-2　角度测量模式下提示信息功能对照表

页码	功能键	显示信息	功　　能
1	F1	置零	水平角置为 0°00′00″
	F2	锁定	锁定水平角
	F3	置盘	通过键盘键入数字设置水平角
	F4	P1↓	显示第 2 页软键功能
2	F1	倾斜	设置倾斜改正，如果选择 ON，显示屏显示倾斜改正数
	F2	复测	角度重复测量模式
	F3	V%	垂直角、百分比坡度模式
	F4	P2↓	显示第 3 页软键功能
3	F1	H—蜂鸣	每隔 90°水平角设置蜂鸣声
	F2	R/L	变换水平角的右、左旋转计数方向
	F3	竖角	变换天顶距、高度角
	F4	P3↓	显示第 1 页软键功能

4. 基本距离测量

(1)选定一个或多个棱镜为测距目标。重新检查仪器是否对中、整平，仪器状态是否正常。

(2)按键盘中的 ◢ 键，切换到距离测量模式，如图 10-5(a)所示。

(3)按 F3(S/A)键，进入音响模式设置界面，如图 10-5(b)所示，显示棱镜常数改正值(PSM)、大气改正值(PPM)和反射光的强度(信号)。

(4)根据所使用棱镜的使用说明，按 F1 键(棱镜选项)设置棱镜常数值，完成后返回音响模式设置界面。

(5)外业观测时，若已知观测时大气参数，则按【PPM】选项进行设置。若未知观测时大气参数，则按 F3(T-P 选项)键，输入测量时的温度值及气压值，由仪器自动解算大气参数。设置后返回距离测量界面。

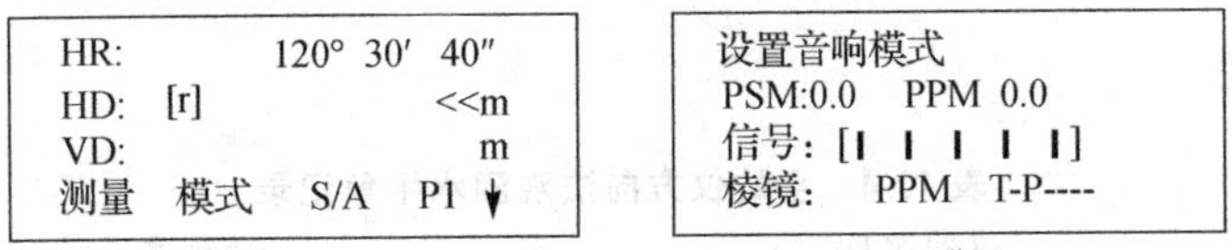

(a)　(b)

图 10-5　测距常数设置界面

(6)照准目标棱镜中心,进行距离测量。显示屏上【HD】为平距,【VD】为垂直距离,【SD】斜距测量,按 ◢ 键,可在几种测量模式间切换。

(7)对照表 10-3,在全站仪中认识距离测量模式下,显示屏最后一行提示信息的含义。

表 10-3　距离测量模式下提示信息功能对照表

页码	软键	显示符号	功　能
1	F1 F2 F3 F4	测量 模式 S/A P1↓	启动测量 设置测距模式为精测、粗测、跟踪 设置音响模式 显示第 2 页软键功能
2	F1 F2 F3 F4	偏心 放样 m/f/i P2↓	偏心测量模式 放样测量模式 设置距离单位为米、英尺、英寸 显示第 3 页软键功能

四、实验注意事项

(1)在高温天气作业时,必须给仪器撑伞遮阳,否则仪器内部温度容易升到 60～70°C,从而缩短仪器的使用寿命。

(2)仪器不使用时,应将其装入箱内,置于干燥处,注意防震、防尘和防潮。

(3)仪器使用完毕后,用绒布或毛刷清除仪器表面灰尘。仪器被雨水淋湿后,切勿通电开机,应用干净软布擦干并在通风处放一段时间后再进行通电检查。

(4)发现仪器功能异常,应及时送回实验室交由实验室处理,严禁擅自拆开仪器,以免发生不必要的损坏。

五、实验要求

(1)练习全站仪基本操作方法,掌握全站仪的基本测量功能及参数设置方法。

(2)每人在一个测站上对两个观测目标作两个测回的测回法观测,计算其水平角。

(3)掌握几种距离测量模式(精测、粗测、跟踪)的区别,每人完成两段距离的测量工作。

六、实验成果

表 10-4 全站仪方向法观测水平角记录

日期________________ 仪器名称________________ 观测者________________

天气________________ 仪器号码________________ 记录者________________

测站	目标	竖盘位置	水平度盘读数 /(° ′ ″)	半测回角值 /(° ′ ″)	一测回平均角值 /(° ′ ″)	水平距离/m
		左				
		右				
		左				
		右				
		左				
		右				
限差检核						

实验十一 全站仪碎部测量

一、实验目的

(1)熟悉全站仪野外数字测图的流程。

(2)掌握全站仪碎部测量的方法及过程。

二、实验设备、人员、学时

(1)设备:每组 1 台全站仪(附脚架),对讲机 2 个,校园控制点测量成果 1 份,1 块记录板及白纸，单杆棱镜 2 根，盒尺 1 把。

（2）人员：每组 4 人，轮流观测、立镜和绘制草图。

（3）学时：课内 2～4 学时。

三、实验内容及方法

（1）选定控制点。在实验场地选择任意一点 A 作为测站点，在该点北侧选择另外一点 B 作为定向点，在选定点上设好观测标志。

（2）安置仪器。在测站点 A 上架设全站仪，对中、整平，量取并记录仪器高。

（3）开机并设置参数。按 POWER 键开机并设置仪器的有关参数，如棱镜常数、温度、气压等。

（4）设定控制点坐标。显示屏切换到距离测量模式，观测测站点及定向点的距离。根据观测距离结果假定测站点及定向点坐标，记录并等待输入。

（5）建立数据文件。在全站仪中按 MENU 键进入菜单模式，选择【数据采集】选项，当程序要求选择存储文件时，新建一个文件作为测量信息存储文件，按【确定】之后仪器自动进入图 11-1 所示【数据采集】界面。

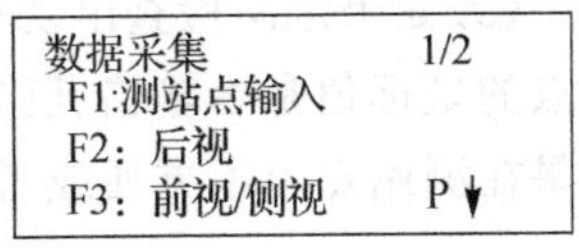

图 11-1　全站仪“数据采集”界面

（6）输入测站信息。按【数据采集】选项提示要求，首先按 F1 键输入测站点点号、仪器高、平面坐标及高程，流程如图 11-2 所示。

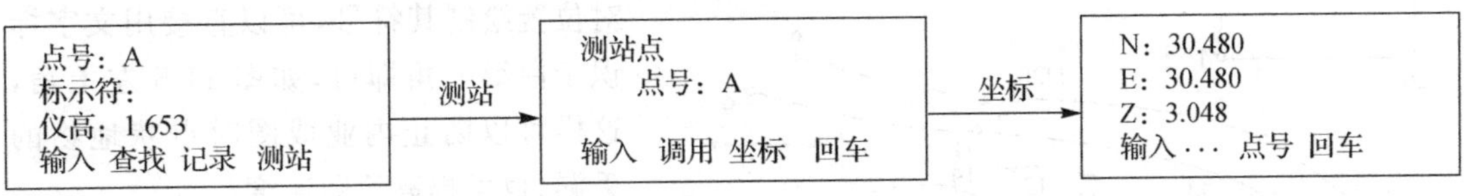

图 11-2　测站点信息输入示意图

（7）输入定向点信息。返回【数据采集】界面，按 F2 键输入定向点信息如点号、平面坐标，流程如图 11-3 所示，完成之后精确瞄准定向点标志底部，按【测量】键完成定向。

（8）碎部点测定。回到【数据采集】界面，按 F3 键开始进行数据采集，出现如图 11-4(a)所示界面，在界面中输入待测点点号、棱镜高后，按【测量】键进行数据采集，在图 11-4(b)所示界面中选择测量元素，测图时一般选择“坐标测量”。

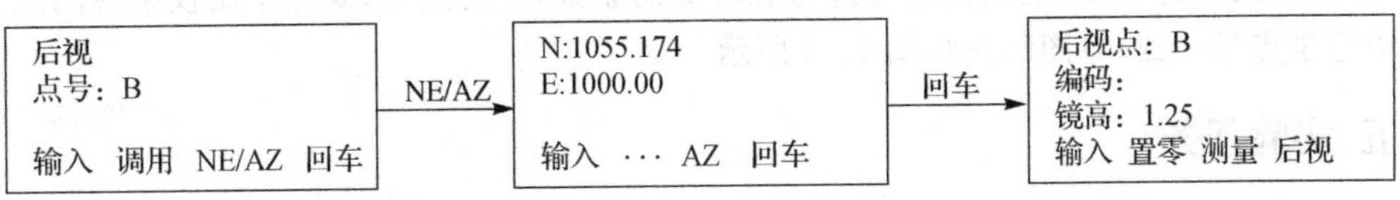

图 11-3　后视点信息输入示意图

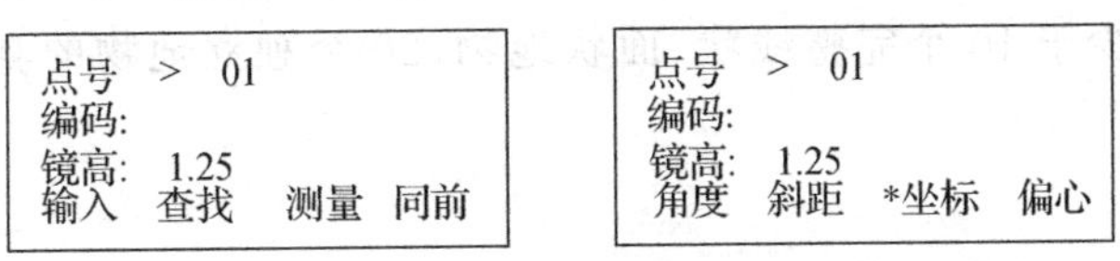

(a)　(b)

图 11-4　全站仪数据采集界面

(9)坐标检核。为保证设站工作的正确,在碎部测量开始前首先应对已知控制点进行观测,检核观测值与已知值是否相符,如果两者的差值在允许范围内,可以开始碎部测量,否则要重新进行测站点与定向点设置。

(10)绘制草图与碎部测量。绘图员准备好白纸,指挥跑镜员在地物和地貌特征点立镜,并在白纸上绘制外业草图,同时观测员按照上述步骤依次测定跑镜员所立镜的特征点。

四、实验注意事项

(1)全站仪中新建数据文件时,一般以日期命名,以便区分及查找。不必每次设站都新建文件,一天建立一个文件即可,下次开机时默认以最后新建文件作为数据存储文件。

(2)为保证所测数据的正确性,在开始碎部点测量前,必须对设站信息进行检核。检核时可以选择第三个已知点进行测量,用其测量值与已知坐标值相比较,如果二者差值在限差以内,则可进行下一步碎部点数据采集工作。

(3)如果定向检查出现错误或超限情况,可从以下几个方面来查找问题:检查已知点和定向点的坐标值是否输错、已知点成果表是否抄错、成果计算是否有误、仪器设备是否有故障等。如果在测站点上不方便或者找不到第三个已知检查点,可直接测量后视定向点来检查。

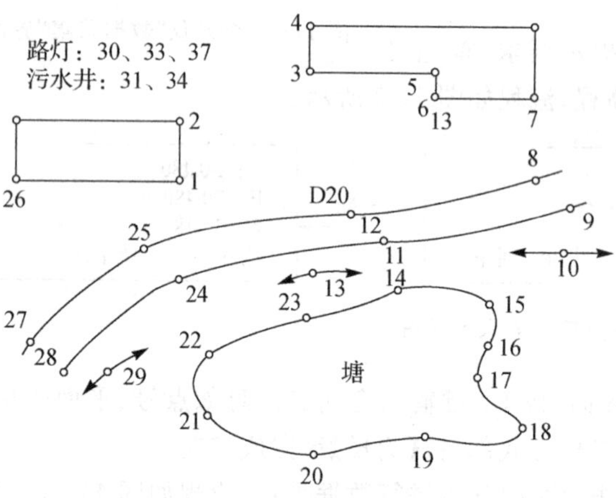

图 11-5　外业草图

(4)要保证草图的干净与清楚,线状与面状地物连接关系要记录清晰,不要绘制过大或过小,点状地物不必按相对位置绘制其符号,可以直接用文字标识于白纸一角即可,如图 11-5 左上角,这样可以防止内业成图时点状地物的丢漏,也可提高绘图速度。

(5)如果某些地物的所有特征点不能在一个测站上观测完成,就需要换站观测。若待测点附近有控制点,可在该点上按照上述流程设站并观测。若待测点附近没有控制点,则在待定点附近作支站点。

(6)草图绘制过程中,绘图员要保持与观测员的联系,核对点号,确保全站仪中观测点号与草图中记录点号一致,草图示例如图 11-5 所示。

五、实验任务

(1)每人在实验场地独立完成全站仪的架设、测站设置等碎部测量前的准备工作。

(2)每组在校园内选取测区一块,依照控制点坐标成果表,在测区控制点上架设仪器进行数据采集,完成不少于 10 个完整线状、面状地物,20 个独立地物的测量工作并绘制外业草图。

六、实验成果

表 11-1 全站仪数字测图外业草图

班级______	组号______	组长(签名)______	仪器______	编号______
观测员______	绘草图员______	立镜员______	日期______年___月___日	
测站点名______	坐标 x=______	y=______	H=______	
后视点名______	坐标 x=______	y=______	H=______	
仪器高______	草图起始点号______	草图终止点号______		
				北↑

实验十二 全站仪数据通讯

一、实验目的

(1)理解串行通讯各通讯参数的含义,掌握全站仪及数字测图软件中通讯参数设置方法。

(2)掌握数据文件在全站仪与计算机间的双向传输方法。

二、实验设备、人员、学时

(1)设备:每组 1 台全站仪,1 根数据传输线,1 台计算机。

(2)人员:每组 2 人。

(3)学时:课内 2 学时。

三、实验内容及方法

1.连接电缆

将通讯电缆的一端接入全站仪的通讯端口,另一端接入计算机的串行通讯 COM 口。

2.设置通讯参数

为保证串行通讯的可行与正确，通讯双方要共同遵守一致的协议，因此，通讯前首先在通讯两端设置通讯协议、波特率、字符与校验位、停止位四个通讯参数，参数的可取值及含义如表12-1所示。

表12-1 串行通讯参数说明

参数	可选值	内容
协议	[ACK/NAK],[无]	设置联络方式 [认可/否认]有联络或[单项]无联络传送方式
波特率	1200,2400,4800, 9600,19200,38400	设置传输速度
字符与校验位	[7/偶校验][7/奇校验] [8/无校验]	设置通讯参数的数据位和校验方式
停止位	1,2	设置通讯参数的停止位

1)全站仪通讯参数设置

如图12-1所示，开机后按MENU键进入菜单模式，在菜单中找到存储管理选项，该选项共有三页，按翻页键到最后一页找到数据通讯功能，依次按各功能键对各通讯参数进行设置。

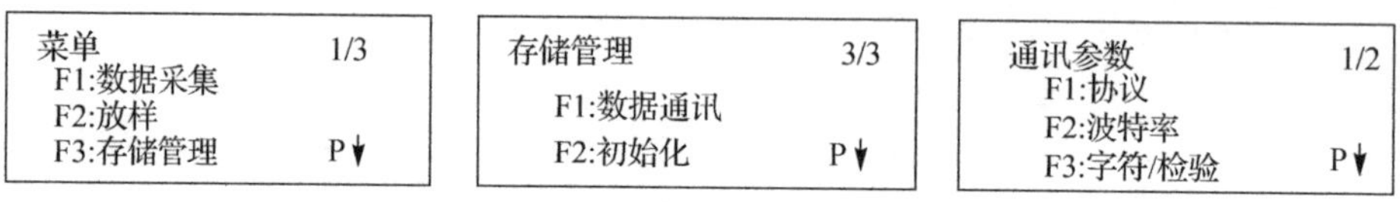

图12-1 全站仪通讯参数设置

2)CASS软件通讯参数设置

打开南方CASS软件，选择【数据】|【读取全站仪数据】命令，弹出图12-2所示对话框，设置仪器为拓普康GTS-200测量，【波特率】、【数据位】、【停止位】、【校验】四个通讯参数与全站仪严格一致。

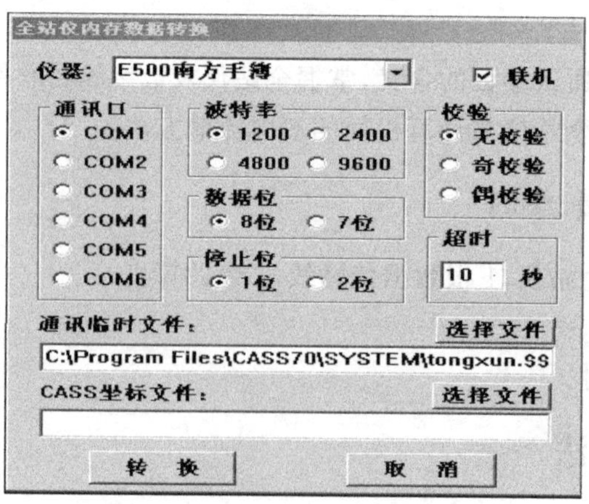

图12-2 读取全站仪数据对话框

3.全站仪至计算机数据传输

(1)全站仪返回数据传输界面,选择【发送数据】选项,设置发送测量数据的格式及目标文件,当出现确认界面时,准备工作已就绪。

(2)在计算机磁盘中新建一文本文件作为数据接收文件,将扩展名改为DAT格式。在图12-2所示对话框中单击【选择文件】按钮,选择新建的DAT文件作为CASS坐标文件。

(3)单击【转换】按钮,弹出如图12-3所示的提示对话框。按照要求先在微机上按回车键,然后在全站仪确认界面中按F3键(是)进行数据传输。正常传输时CASS命令窗口中有滚动数据,否则命令窗口为空白,且延迟后有错误提示信息。

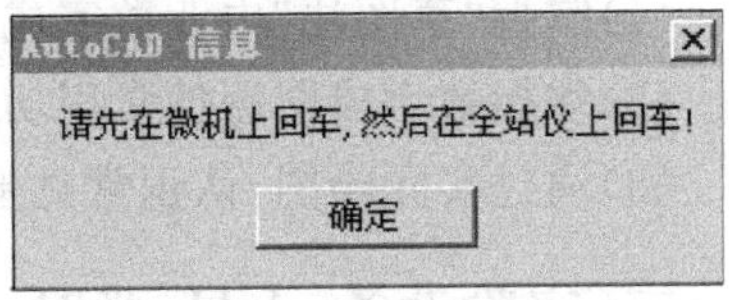

图12-3　CASS数据传输提示对话框

(4)传输完毕用记事本打开数据文件,检验数据是否已写入。

4.计算机至全站仪数据传输

(1)在计算机中打开CASS软件,选择【数据】|【坐标数据发送】|【微机——>拓普康GTS—211】命令,在弹出的【选择文件对话框】中选择要发送的坐标数据文件。

(2)查看CASS命令窗口,如图12-4所示,根据提示设置计算机通讯端口,并按提示要求将全站仪中通讯参数设置为(1200,N,8,1)。

图12-4　命令提示窗口提示信息

(3)在全站仪中的【数据传输】界面选择【接收数据】选项,输入"文件名称",进入【接收数据确认】界面,完成接收准备工作。

(4)在全站仪上按F3键同意接收,在计算机中按【回车】键发送数据文件。

(5)传输完毕后,在全站仪中检验所传数据文件是否存在,文件中数据是否正确。

四、实验注意事项

(1)当通讯参数设置一致,操作无误,但数据仍无法传输时,首先更换通讯口(COM)设置,由COM1改为COM2或由COM2改为COM1。仍然无法进行时,可考虑通讯线质量问题,向实验室提出更换传输线的请求。

(2)在进行数据传输时,当数据接收端与发送端同时做好准备后,应先在接收端回车,然后再在发送端回车确认,即遵循先接收后发送的顺序,否则可能导致通讯不能正常进行。

五、实验要求

(1)数据由全站仪传输至计算机。将本组实测数据由全站仪传输至计算机,保存并作为绘图数据源。

(2)数据由计算机传输至全站仪。将计算机CASS软件下的示例数据study.dat,其存放路径是CASS\Demo\study.dat传输至全站仪,在全站仪中查验传输是否正确。

实验十三 “草图法”内业成图

一、实验目的

(1)掌握“草图法”内业数字成图的基本流程。

(2)掌握数字成图软件常用功能的基本使用方法。

(3)通过实际绘图,认识常见地物符号及其绘制方法。

二、实验设备、人员、学时

(1)设备:每人配备计算机一台,安装南方测绘公司数字成图软件 CASS。

(2)学时:课内 2～4 学时。

三、实验内容及方法

1.展点

选择【绘图处理】|【展野外测点点号】命令,系统提示【输入要展出的坐标数据文件名】,输入本组数据文件存储地址如“D:\YXM\CXT.DAT”。输入后单击【打开】按钮,数据文件中所有点以注记点号形式展现在屏幕上。当命令行窗口提示输入测图比例尺时,输入比例尺分母并回车。

2.选择合理成图方法

“草图法”内业数字成图时,CASS 提供了“点号定位”和“坐标定位”两种方法。“点号定位”可依据输出窗口提示,通过输入外业测量的点号进行定位及成图,“坐标定位”则使用鼠标直接在屏幕上点取进行定位及成图。当外业测点点数较多时,由于一时难以精确找到所需点号,可以首先选用“点号定位”方法进行成图,本实验以“点号定位”方法为例介绍绘图方法。

在右侧【屏幕菜单】的一级菜单【定位方式】中选择【测点点号】命令,系统弹出对话窗,提示【选择点号对应的坐标数据文件】。输入外业所测的坐标数据文件并单击【打开】按钮,系统将所有数据读入内存,以便依照点号寻找点位。

3.绘平面图

【屏幕菜单】将所有地物要素分为 11 类,如文字注记、控制点、地籍信息、居民地等,绘图时按照其分类分别绘制各种地物。下面以绘矩形类普通房屋、多边形房屋、陡坎为例说明其操作方法。

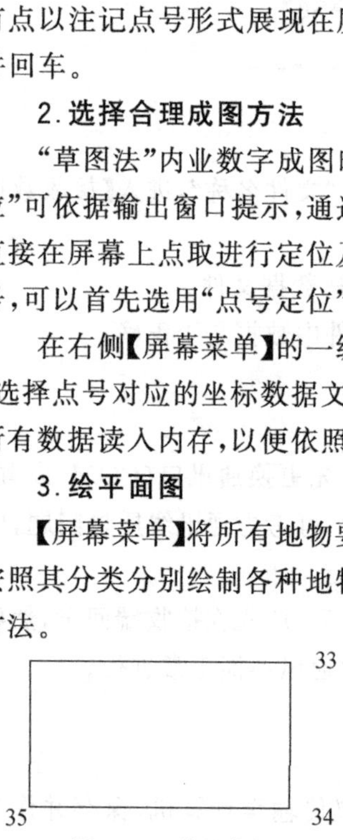

图 13-1 普通房屋

1)绘制矩形类普通房屋

图 13-1 的示例是外业草图中的普通房屋。在【屏幕菜单】处选择【居民地】命令,屏幕中弹出“居民地”层的各种图式符号。从中选择与草图相应的图式符号【四点房屋】,单击【确定】按钮,命令行提示及操作依次如下:

1.已知三点/2.已知两点及宽度/3.已知四点＜1＞: 回车;

点 P/＜点号＞ 输入 33,回车;

点 P/＜点号＞ 输入 34,回车;

点 P/＜点号＞　输入 35，回车。

通过以上操作，33、34、35 三点连成一个矩形房屋，同时所绘的房屋带有颜色，即图形自动加注了属性(编码：141101)并存放于相应的图层中。

注意：绘制房屋时，点号必须按顺时针或逆时针的顺序依次输入。

2)绘制多点房屋

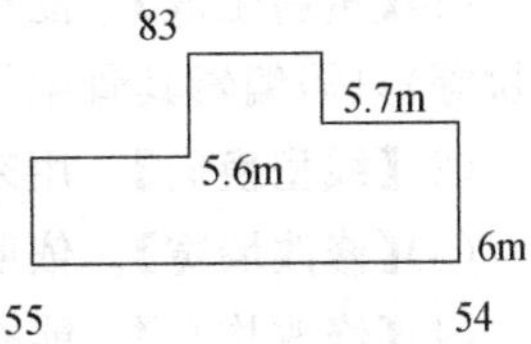

图 13-2　多点一般房屋

如图 13-2 所示，测定了多边形房屋 55、54、83 三个点点位，丈量了三条边长。选择与草图相应的图式符号【多点一般房屋】，单击【确定】按钮后，命令行提示及操作如下：

第一点：

鼠标定点 P/＜点号＞：输入 55，回车；

曲线 Q/边长交会 B/点 P/＜点号＞：输入 54，回车。

屏幕绘出第一条边，同时命令行提示：

闭合 C/隔一闭合 G/隔一点 J/微导线 A/曲线 Q/边长交会 B/回退 U /点 P/＜点号＞：输入 A，回车。

由于接下来两个点都是通过直角量距确定，类似于测支导线，故此时可选择【微导线 A】选项，键入“A”，回车确认后，命令行提示：

微导线-键盘输入角度(K)/〈指定方向点(只确定平行和垂直方向)〉：用鼠标指定方向(55—54 的左边)；

距离＜m＞：输入 6，回车。

此时，屏幕上绘出第二条边。同时命令行还提示：

闭合 C/隔一闭合 G/隔一点 J/微导线 A/曲线 Q/边长交会 B/回退 U /点 P/＜点号＞：输入 A，回车。

距离输入 5.7 后，屏幕上绘出第三条边。同时命令行还提示：

闭合 C/隔一闭合 G/隔一点 J/微导线 A/曲线 Q/边长交会 B/回退 U /点 P/＜点号＞：输入 J，回车。

鼠标定点 P/＜点号＞：输入 83，回车。

由于实测了 83 号点，应选择【隔一点】的选项。输入 J 和 83 号点，即可绘出第四条边、第五条边。再选择【微导线 A】选项绘出第六边。最后选择【隔一闭合 G】选项，键入“G”自动完成图形闭合。由此多边形房屋绘制完毕。

3)绘制陡坎

在【屏幕菜单】处选择【地貌和土质】，选择【未加固陡坎】后，单击【确定】按钮，命令行提示及操作如下：

输入坎高：(米)＜1.000＞：输入 1.5，回车；

鼠标定点 P/＜点号＞：输入 20，回车；

鼠标定点 P/＜点号＞：输入 21，回车；

拟合吗＜N＞？回车。

操作时，陡坎的坎毛沿前进方向的左侧自动生成，故输入点号时要注意点号的输入顺序。点号输入完毕后，对于下一个提示【点 P/＜点号＞】直接按【回车】键或单击右键结束。当问及是否拟合时，如果要把点间连线拟合成曲线，则键入“Y”，否则，键入“N”或直接回车确认。

4.图形编辑及注记

1)图形编辑

对照外业草图将测点连接成图后,需要对图形进行编辑及注记,编辑主要使用到【地物编辑】菜单,下面对该菜单下的主要功能进行简单介绍,实验时可逐一测试。

(1)【重新生成】。能根据图上骨架线重新生成图形。通过该功能,编辑复杂地物(如围墙、陡坎等)只需编辑其骨架线。

(2)【线型换向】。用来改变各种线型地物(如陡坎、栅栏)的方向。

(3)【修改墙宽】。依照围墙的骨架线来修改围墙的宽度。

(4)【修改坎高】。能查看或改变陡坎各点的坎高。

(5)【线型规范化】。可控制虚线的虚部位置以使线型规范。

(6)【测站改正】。如果用户在外业不慎输错了测站点或定向点,或者在做控制前先测碎部,可以应用此功能进行测站改正。

(7)【局部存盘】。分为【窗口内的图形存盘】和【多边形内图形存盘】,前者能将指定窗口内的图形存盘,主要用于图形分幅;后者能将指定多边形内的图形存盘,水利、公路和铁路测量中的"带状地形图"可用此法截取。

以上这些常用的图形编辑功能都是按命令行提示操作,操作较简单。

2)注记

选择【屏幕菜单】中的【文字注记】选项。在该对话框中已预先将一些常用的注记用字做成字块,使用这些文字时,可以直接在该对话框中选取,方便地将常用字注记到鼠标指定位置。如果要注记的文字在常用字中没有提供时,可以选择【注记文字】和【批量(写)文字】的选项按命令行提示(输入注记位置、注记大小、注记内容)进行注记。

5.等高线绘制

1)建立数字地面模型DTM(构建三角网)

野外数字测图软件都是基于三角形格网的DTM,绘制等高线之前通常要利用野外采集的坐标数据文件来建立DTM。具体操作如下:

选择【等高线】|【由数据文件建立DTM】命令,在弹出的【输入数据文件名】对话框中输入相应的数据文件名,确定后命令行窗口提示:

请选择:1.不考虑坎高 2.考虑坎高<1>:回车。

此处提问,在建立三角网时是否要考虑坎高因素。如果要考虑坎高因素,则在建立DTM前,系统自动沿着坎毛的方向插入坎底点(坎底点的高程等于坎顶线上已知点的高程减去坎高),这样新建坎底的点便参与三角网组网的计算。选择后命令行窗口提示:

请选择地性线:(地性线应过已测点,如不选则直接回车)

Select objects:回车(表示不选地性线)。

地性线是过已测点的复合线,如山脊线、山谷线。如有地性线,可用鼠标逐个点取地性线;如地性线很多,可专门新建一个图层放置,提示选择地性线时选定测区所有实体,再输入图层名将地性线挑出。另外,系统默认陡坎骨架线为地性线。绘制地形图一般要选择地性线。

请选择:1.显示三角网 2.不显示三角网<1>:回车。

命令行提示生成的三角形个数,生成的三角网如图13-3所示。三角网如不在当前屏幕上,可选择【平移】等命令移至图形编辑区。

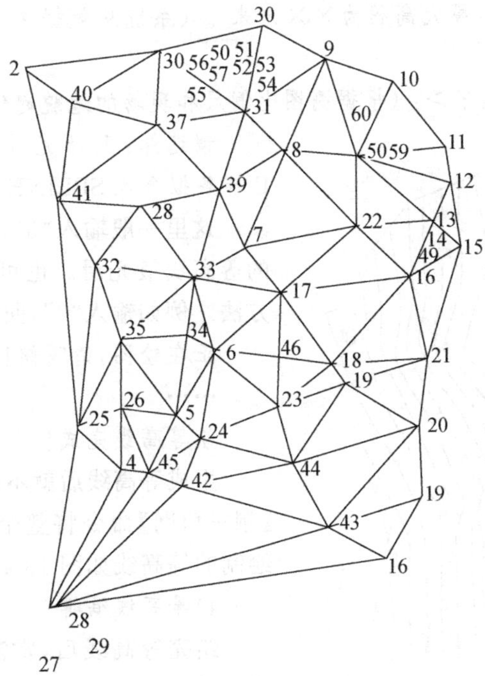

图 13-3　DTM 三角网

2)修改三角网

由于现实地貌的多样性和复杂性,自动构成的数字地面模型与实际地貌不太一致,如楼顶上的控制点参与建摸、三角形边横穿地性线(建模时没有选地性线),这时可以通过修改三角网来修改这些局部不合理的地方。

(1)删除三角形。如果在某局部内没有等高线通过或三角形连接不合理,则可将其局部内相关的三角形删除。删除三角形时,可先将要删除三角形局部放大,再选择【等高线】|【删除三角形】命令,如果误删,可用【U】命令将误删的三角形恢复。

(2)过滤三角形。可根据需要输入符合三角形中最小角的度数或三角形中最大边长最多大于最小边长的倍数等条件,过滤掉部分形状特殊的三角形。另外,如果生成的等高线不光滑,也可以用此功能将不符合要求的三角形过滤掉再生成等高线。

(3)增加三角形。依照屏幕的提示在要增加三角形的地方用鼠标点取,如果点取的地方没有高程点,系统会提示输入高程。

(4)三角形内插点。在三角形中指定点,可将此点与相邻的三角形顶点相连构成三角形,同时原三角形会自动被删除。

(5)删三角形顶点。此功能可将所有由该点生成的三角形删除。该功能常用在发现某一点坐标错误时,将其从三角网中剔除的情况。

(6)重组三角形。指定两相邻三角形的公共边,系统自动将两三角形删除,并将两三角形的另两点连接起来构成两个新的三角形,这样可以改变不合理的三角形连接。

修改完三角网后,选择【等高线】|【修改结果存盘】命令,把修改后的数字地面模型存盘。否则修改无效。当命令行显示“存盘结束!”时,表示操作成功。

3)绘制等高线

选择【等高线】|【绘制等高线】命令,命令行的提示和操作为:

最小高程为×××米，最大高程为×××米 。(系统从数据文件中自动搜索最小高程和最大高程。)

请输入等高距<单位:米>:(根据测图比例尺和现场的地貌起伏输入合理的等高距。)

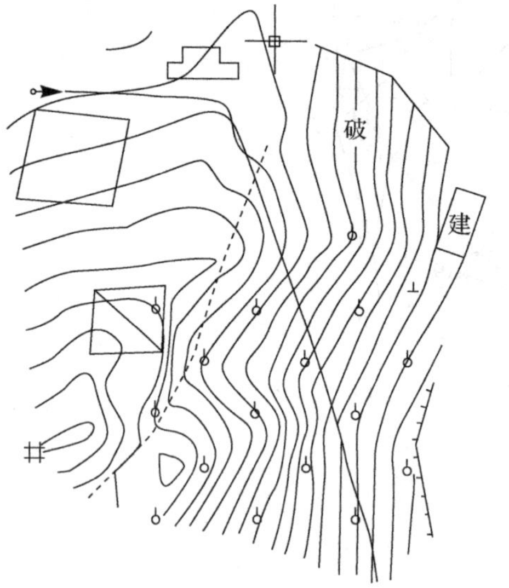

图 13-4 自动绘制的等高线

请选择:1.不光滑 2.张力样条拟合 3.三次B样条拟合 4.SPLINE <1>:

这里一般输入“3”,用三次B样条拟合生成的等高线最光滑。也可根据需要采用其他拟合方法。例如输入“3”,回车。命令行显示:

正在绘图,请稍候!

……

绘等高线完成!

生成等高线后就不再需要三角网了,可选择【删三角网】命令将整个三角网全部删除。自动绘制的等高线如图 13-4 所示。

4)等高线编辑

绘完等高线后,常需要注记计曲线高程,另外还需要切除穿过建筑物、双线路、陡坎、高程注记等的等高线。

(1)注记等高线。【等高线注记】命令有【单个高程注记】、【沿直线高程注记】、【单个示坡线】、【沿直线示坡线】四个选项。注记等高线之前,如果还没有展绘高程点,应先选择【绘图处理】|【展高程点】命令按需要展绘高程点。另外,通常用标准工具栏中的【窗口缩放】选项,得到如图 13-5 所示的局部放大图,再选择【等高线】|【等高线注记】命令,注记等高线。如选择【等高线】|【等高线注记】|【单个高程注记】命令注记等高线,命令区提示与操作如下:

选择需注记的等高(深)线:移动鼠标至要注记高程的等高线位置,如图 13-5 之位置 A,按左键;

依法线方向指定相邻一条等高(深)线:移动鼠标至如图 13-5 之位置 B,按左键。等高线的高程值自动注记在等高线上,字头自动朝向高处。

(2)等高线修剪。选择【等高线】|【等高线修剪】|【切除穿建筑物等高线】命令,弹出如图 13-6 所示对话框,设定相关选项,单击【确定】按钮后按输入的条件修剪等高线。

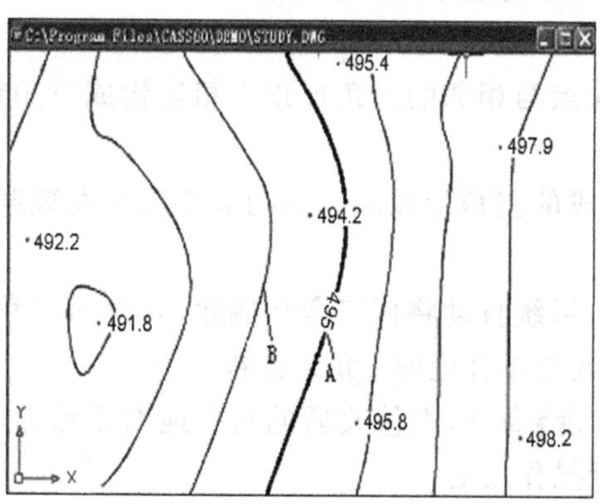

图 13-5 在等高线上注记高程

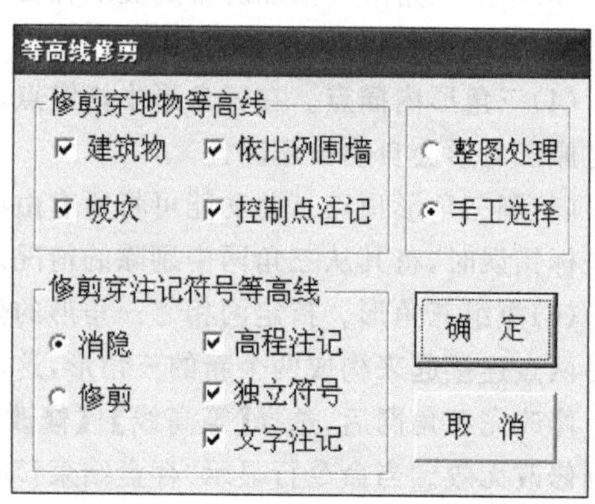

图 13-6 等高线修剪对话框

(3)切除指定二线间、指定区域等高线。按照制图规范,等高线不应穿过陡坎、建筑物等。选择【等高线】|【等高线修剪】命令下【切除指定二线间等高线】或【切除指定区域内等高线】命令,程序将自动切除指定等高线。应当注意,需要切除指定区域的等高线时,指定区域的封闭区域边界一定要是复合线。

(4)等值线滤波。此功能可在很大程度上给绘好等高线的图形文件减肥。执行此功能后,系统提示:

请输入滤波阈值:<0.5 米>

这个值越大,精简的程度就越大,但是会导致等高线失真(即变形),因此,可根据实际需要选择合适的值。一般选择系统默认值。

6.加图廓

选择【绘图处理】|【标准图幅】命令。输入图幅的名字、邻近图名、测量员、绘图员、检查员,在左下角坐标的【东】、【北】栏内输入相应坐标,例如此处输入“53000”,“31000”(最好拾取)。勾选【删除图框外实体】则可删除图框外实体,按实际要求选择。最后单击【确定】按扭即可得到加上标准图框的分幅地形图。

图廓外的单位名称、成图时间、执行图式和坐标系、高程基准等可以在加框前定制,即在【CASS2008 参数设置】|【图框设置】对话框中依实际情况填写单位名称、成图日期、坐标系等,定制符合实际的统一的图框。也可以直接打开图框文件,如打开“CASS2008\BLOCKS\AC50TK.DWG”文件,选择【工具】|【文字】|【写文字】|【编辑文字】等命令,依实际情况编辑修改图框图形中的文字,不改名存盘,即可得到满足需要的图框。

7.绘图输出

地形图绘制完成后,可用绘图仪、打印机等设备输出。选择【文件】|【绘图输出】命令,在二级菜单里可完成相关打印设置,并打印出图。

四、实验要求

按照各组外业观测的数据文件及外业草图,在 CASS 下生成标准数字地形图。

实验十四　RTK 认识与数据采集

一、实验目的

(1)了解 GPS-RTK 系统组成,熟悉 GPS-RTK 系统的实验物品及各部件作用。

(2)掌握 GPS-RTK 系统各部件连接方法,掌握使用 RTK 采集碎部点的作业方法。

二、实验设备、人员、学时

(1)设备:基准站仪器,华测 X90 基准站接收机,DL3 电台,蓄电池,加长杆,电台天线,电台数传线,电台电源线,三脚架 2 个,基座 1 个,加长杆铝盘;流动站仪器,华测 GPS 流动站接收机 1 台,天线 1 根。碳纤对中杆,手簿 1 个,托架 1 个,华测 Recon 电子手簿 1 个。

(2)人员:每组6人,交替操作。

(3)学时:课内4学时。

三、实验内容及方法

1. 认识RTK系统的各个部件及连接方法

图14-1为华测X90 RTK系统主要部件外观、名称、连接方法,按图对照仪器的实物,找到各个部件,熟悉它们的名称、功能、连接方法。

2. 安置基准站

基准站的架设包括GPS天线的安装,电台天线的安装以及GPS天线、电台天线、基准站接收机、数传电台、蓄电池之间电缆连线的连接。安置时注意各个脚架的稳固性,避免被大风刮倒。安置完成后,各部件状态如图14-2所示。

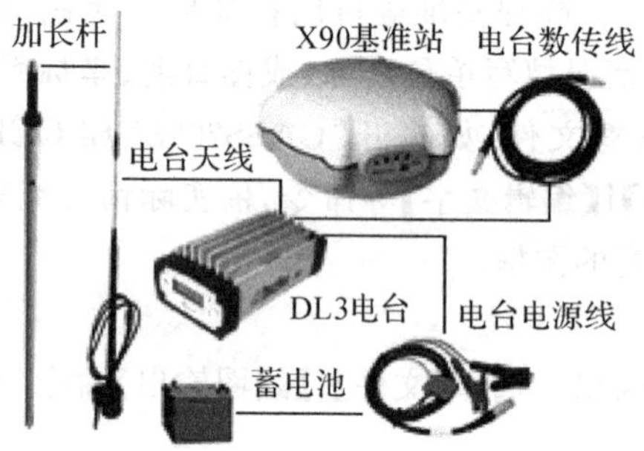

图14-1 华测X90 RTK系统

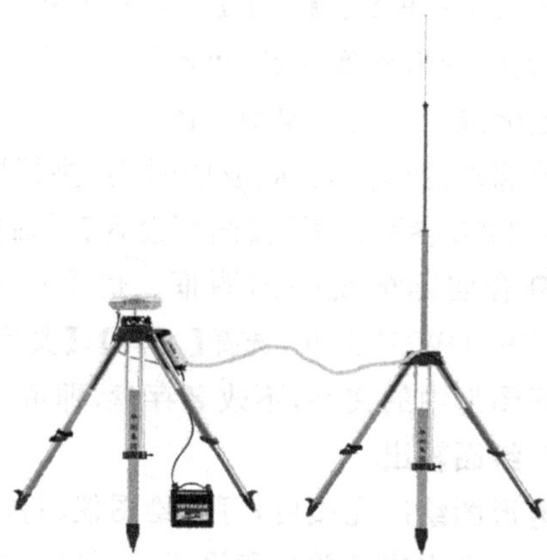

图14-2 基准站连接示意图

3. 启动手簿蓝牙

使用蓝牙连接基准站GPS接收机。

4. 建立新任务

(1)新建任务。运行手簿测地通软件,选择【文件】|【新建任务】命令,输入任务名称,选择坐标系统,其他为附加信息,可留空。新建任务完成后,选择【文件】|【保存任务】命令,保存新建的任务。

(2)坐标系统配置。选择【配置】|【坐标系管理】命令,根据实际情况进行坐标系的设置。选择已有坐标系进行编辑(主要是修改中央子午线),或新建坐标系,输入当地已知点所用的椭球参数及当地坐标的相关参数。设置好后,单击【确定】按钮替代当前任务里的参数。

(3)保存任务。

5. 设置基准站

选择【配置】|【基准站选】命令,如图14-3(a)所示。

广播格式一般设为CMR,测站索引和发射间隔一般默认即可,高度角限制默认为10°,用户可以根据当时、当地的收星情况适当地改动,天线类型选择当时所用天线,天线高度一般为实测的斜高,选择测量仪器高所到位置一般为“天线中部”,如图14-3(b)所示。

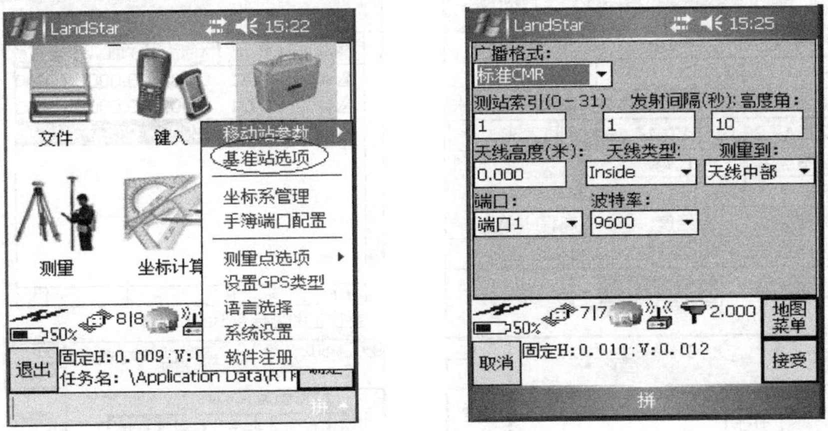

(a)　(b)

图 14-3　基准站设置

6. 启动基准站

选择【测量】|【启动基准站接收机】(如果没连接收机,【启动接收机】为灰色)。可以输入点号后选择"此处"用单点定位值来启动基准站,也可以从列表里选先前输入的已知点来启动。一般在一个工作区第一次工作时,用单点定位来启动,然后进行点校正;下一次工作时用上次工作点校正求得转换参数,仪器需架设在已知点,用此点的已知坐标启动基准站。

启动基准站后,软件显示【成功设置了基站】。如果由于某种原因没有成功启动基准站,软件显示【启动基准站失败】,这时需要重新启动基准站。用已知点启动时,如果输入的已知点和单点定位相差很大时会出现此情况,原因一般为设置中央子午线或所用坐标有错。

7. 设置移动站

选择【配置】|【移动站选项】命令,输入各项设置,需要注意的是"广播格式"一定要和基准站一致,天线高度通常为对中杆的长度,量测方式通常为"天线底部",天线类型选择所用天线型号,高可靠性模式可以降低太阳磁暴对仪器的影响,选用这种模式后,初始化时间会稍长一些,但得到固定解后更加稳定,可根据实际情况自主选择。

8. 启动移动站

移动站设置完毕后选择【测量】|【启动移动站接收机】,如果无线电和卫星接收正常,这时流动站开始初始化,软件的显示顺序为:"串口无数据—>开始初始化—>浮动—>固定",当显示固定以后才可以进行测量工作,否则测量精度比较低。

9. 点校正

点校正的目的是求得 WGS 84 坐标与当地坐标之间的转换参数。

选择【测量】|【点校正】命令,弹出如图 14-4 所示对话框,在【网格点名称】选项下面输入已知点点名和其当地的平面坐标与高程;在【GPS 点名称】选项下面输入相应点的点名及其 WGS 84 坐标。【校正方法】一般选择"水平与垂直",然后单击【确定】铵钮。用几个点进行"校正",就用同样的方法增加几次,最后单击【计算】按钮,计算后会先后弹出两个对话框,都选择【是】,将点校正后所得的参数应用于当前测量任务。

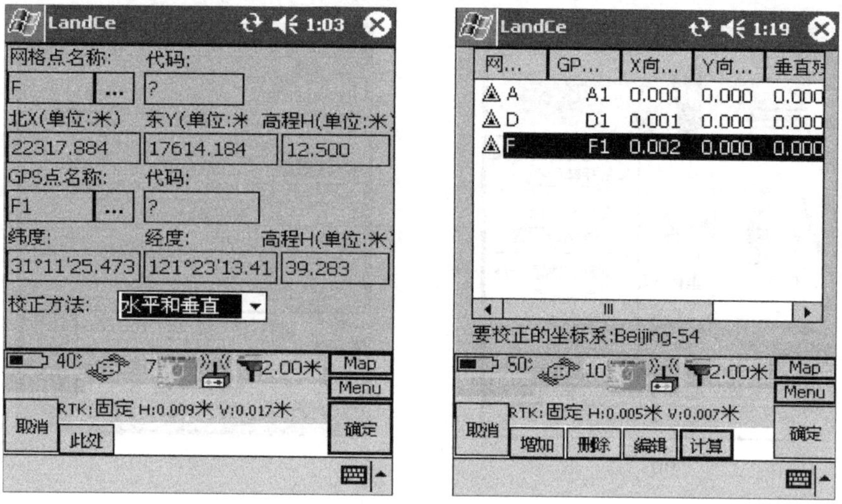

图 14-4 【点校正】操作界面

10. 测量

当显示固定以后，可以进行碎部点测量。选择【测量】|【测量点】，显示如图 14-5 所示。当单击【测量】按钮后，显示测量坐标和【保存】按钮，单击【保存】按钮，该点位信息被存储。

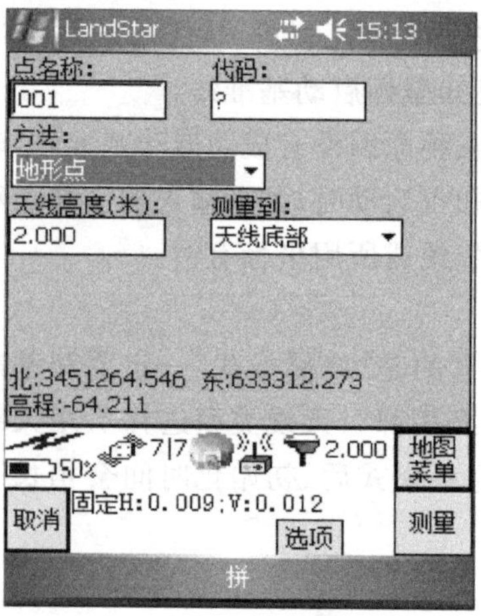

图 14-5 测量设置

RTK 差分解有几种类型，单点定位表示没有进行差分解，浮动解表示整周模糊度还没有固定，固定解表示固定了整周模糊度。固定解精度最高，通常只用固定解才能进行测量。固定解又分为宽波固定和窄波固定，分别用蓝色和黑色表示。蓝色表示宽波解的均方根误差为 4 cm 左右，建议在距离较远，精度要求不高的情况下采用。黑色表示窄波解的均方根误差为 1 cm 左右，为精度最高解。但距离较远时，RTK 为得到窄波解通常需要较长的初始化时间，例如，超过 10 km 时，可能会需要 5 min 以上的时间。单击【选项】可对观测时间、坐标和高程允许误差进行修改。

11. 数据文件导出

选择【文件】|【导出】|【点坐标导出】命令，导出的文件类型选为 CASS 格式类型。上交仪器前及时将碎部点数据传到电脑上。

四、实验注意事项

选择基准站的位置时注意以下要求：

(1)周围应便于安置和操作仪器，视野开阔，视场内障碍物的高度角不宜超过 15°。

(2)远离大功率无线电发射源，如电视台、电台、微波站等，其距离不小于 200 m；远离高压输电线和微波无线电信号传送通道，其距离不得小于 50 m。

(3)远离强烈反射卫星信号的物体，如大型建筑物等。

(4)远离人群以及交通比较繁忙的地段，避免人为的碰撞或移动。

实验十五　全站仪的点位测设

一、实验目的

掌握使用全站仪进行点位测设的方法。

二、实验设备、人员、学时

(1)设备：每组 1 台全站仪(附脚架)，1 块记录板，对中杆支架及棱镜组 1 个。

(2)人员：每组 4 人，交替操作。

(3)学时：课内 2 学时。

三、实验内容及方法

使用全站仪进行点位测设，当待测点数目较多时，待测点点位信息可预先输入计算机数据文件中，然后通过数据线传输至全站仪内存，测设时调取该数据文件。当待测点数目较少时，可在测设时直接输入待测点信息，本次试验以第二种情况为例。

(1)在实验场地选择任意一点 A 作为测站点，选择另外一点 B 作为定向点，在选定点上做好标识以备使用。

(2)在测站点 A 上架设全站仪，对中、整平，量取并记录仪器高。

(3)开机，对仪器的有关参数进行设置，如棱镜常数、温度、气压等。

(4)切换到距离测量模式，对测站点及定向点的距离值进行观测，根据所选点位实际情况假定测站点及定向点坐标值。

(5)按 MENU 键进入菜单模式，选择【放样】命令，依次按功能键 F1、F2，输入测站点及后视点坐标，如图 15-1 所示。

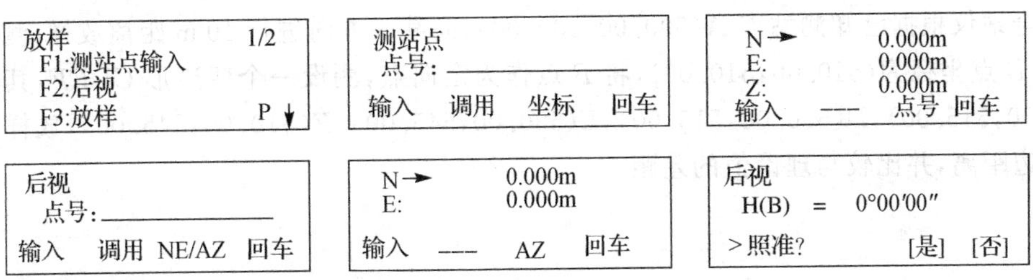

图 15-1　测站点、定向点设置

(6)精确瞄准定向点标识，在【照准】确认界面按 F3(是)键完成定向。

(7)输入待放样点坐标，仪器自动计算放样元素 HR、HD，如图 15-2(a)所示。HR 为仪器到放样点水平角计算值，HD 为仪器到放样点水平距离计算值。在该界面中选择【角度】命令，出现如图 15-2(b)所示界面，其中 dHR 为对准放样点仪器应转动的水平角，当其为0°00′00″ 时表明方向正确；选择【距离】命令，出现如图 15-2(c)所示界面，其中 dHD 为对准放样点尚差的水平距离，dZ 为尚差的垂直距离，两者都为 0 时表明距离正确。在该界面仍可选择“角度”重新检查 dHR 是否仍为 0°00′00″，当 dHR、dHD、dZ 均为 0 时，放样点的测设已完成，为保证测设点位正确，可测定其坐标进行检核，如图 15-2(d)所示。

(8)在测设点上加设标识，将其在实地标出。

(9)在图 15-2(d)所示界面中选择【继续】命令，依次进行其他待放样点的测设。

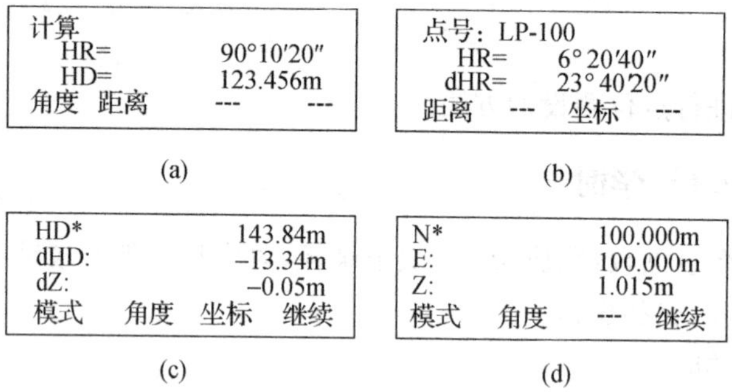

图 15-2　全站仪放样界面

四、实验注意事项

(1)迁站时，应关闭电源，从三脚架上取下仪器装入箱内。如果迁站距离较近时，仪器也可不装入箱内，但务必握住仪器的提手稳步行进。

(2)在进行高精度的观测时，观测过程中应采取遮阳措施。

(3)清洁仪器透镜表面时，应先用箱内干净的毛刷扫去灰尘，再用干净的绒棉布蘸酒精，由透镜中心向外一圈圈的轻轻擦拭，禁止用手触摸仪器的镜头。

(4)仪器装箱时，应先关闭电源，确保仪器与箱内的安置标志相吻合，且仪器的目镜向上。

(5)和仪器配套使用的棱镜应保持干净，不用时应放在安全的地方，有箱子的应放在箱内，以免碰坏。

五、实验要求

用全站仪根据已知测站点 A(500.00,500.00)，向某一方向进行 10 m 距离放样，测设点为 B，假定 B 点坐标为(510.00,510.00)，将 B 点作为定向点，测设一个四边形 $CDEF$，其坐标为 C(510.00,515.00)，D(530.00,515.00)，E(530.00,545.00)，F(510.00,545.00)，放样结束后检查四边距离，并比较与理论值的差距。

实验十六　建筑物轴线放样与高程测设

一、实验目的

(1)掌握建筑物轴线放样的基本方法。

(2)掌握建筑施工测量中高程测设的基本方法。

二、实验设备、人员、学时

(1)设备:DJ6 光学经纬仪 1 台(附脚架),钢尺 1 把,DS3 水准仪 1 台,水准尺 1 根,木桩和小钉各 6 个,铁锤 1 把,记录板 1 块,计算器 1 个。

(2)人员:每组 4 人,轮流操作。

(3)学时:课内 2 学时。

三、实验内容及方法

1. 任务设计

在较平坦的地面上选定相邻约 40～50 m 的 A、B_1 两点,打下木桩。自 A 点起沿 AB_1 方向用钢尺往返量取 $AB=28.500$ m,在 B 点打下木桩。

如图 16-1 所示,假设 AB 平行于测量坐标系的横轴,A、B 点是已知测量控制点。现设计一建筑物,其轴线为 $CDEF$,给出 C、D 点的设计坐标,DE 的设计距离为 8.4 m,现要将建筑物轴线点 C、D、E、F 测设于地面上,拟采用极坐标法放样,已知数据与观测数据见表 16-1。并同时设 A 点高程为 $H_A=20.000$ m,要求在轴线点 C 上测设出高程 $H_C=20.100$ m。

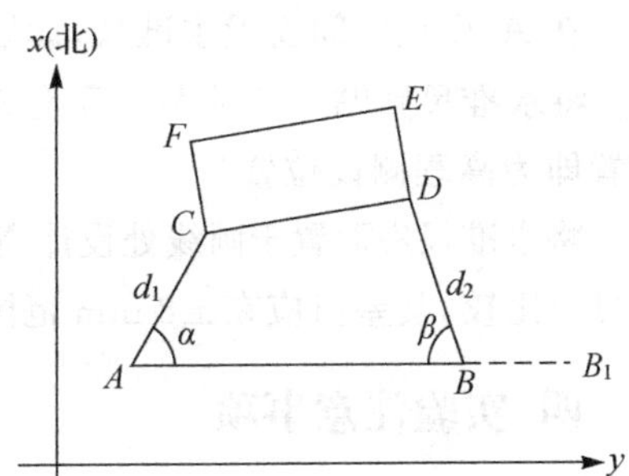

图 16-1　控制点及建筑物设计略图

2. 测设数据计算

如图 16-1 所示,在 A 点设站,极坐标法放样 C 点的放样数据为 d_1 和 α;同理在 B 点设站,放样 D 点的放样数据为 d_2 和 β。根据以下公式计算测设数据,记录于表 16-2。

表 16-1　控制点及设计点假定坐标表

已知点坐标/m			设计点坐标/m		
点号	X	Y	点号	X	Y
A	256.400	310.130	C	268.600	317.230
B	256.400	338.630	D	271.600	337.330

$$d_1=\sqrt{(x_C-x_A)^2+(y_C-y_A)^2}=\sqrt{\Delta x_{AC}^2+\Delta y_{AC}^2}$$

$$\alpha=\alpha_{AB}-\alpha_{AC}=90°-\arctan\frac{y_C-y_A}{x_C-x_A}=90°-\arctan\frac{\Delta y_{AC}}{\Delta x_{AC}}$$

$$d_2=\sqrt{(x_D-x_B)^2+(y_D-y_B)^2}=\sqrt{\Delta x_{BD}^2+\Delta y_{BD}^2}$$

$$\beta=\alpha_{BD}-\alpha_{BA}=90°+\arctan\frac{y_D-y_B}{x_D-x_B}=90°+\arctan\frac{\Delta y_{BD}}{\Delta x_{BD}}$$

3. 建筑物轴线测设

(1)在 A 点安置经纬仪,盘左瞄准 B 点(直接瞄准 B 点木桩上的小钉),将水平度盘读数配置为测设角度 α,逆时针旋转照准部,当水平度盘读数约为 0°时制动照准部,转动照准部微动螺旋使水平度盘读数为 0°00′00″,在地面视线方向上定出 C' 点,从 A 点在 AC' 方向上用钢尺量

平距 d_1（往返丈量），打一木桩。再在木桩上重新测设角度 α 和平距 d_1，得 C' 点；同理，盘右在木桩上测设角度 α 与 d_1 得 C'' 点，取 $C''C'$ 的中点 C 即为轴线点 C 的测设位置。

（2）在 B 点设站，同法测设出 D 点。不同之处是测设 β 角度时，应先瞄准 A 点，将水平度盘配置为 0°00′00″，再顺时针转到 β 角时即为测设方向。

（3）用钢尺往返丈量 CD，丈量值与设计值的相对误差应小于 1/3 000；若满足精度要求，调整 C、D 点位置，使其等于设计值。若不满足精度要求，重新测设。检核记录、计算填于测设成果检核表。

（4）在 C 点设站，测设直角，在直角方向上测设距离 $CF=8.400$ m，得到 F 点。用钢尺往返丈量 DF，与设计值的相对误差应小于 1/3 000。

（5）在 D 点设站，测设直角，在直角方向上测设距离 $DE=8.400$ m，得到 E 点。用钢尺往返丈量 FE，与设计值的相对误差应小于 1/3 000。

4.高程测设

在 A、C 点中间安置水准仪，读取 A 点的后视读数 a，则 C 点前视应有读数 $b=H_A+a-H_C$，将水准尺紧贴 C 点木桩上下移动，直至前视读数为 b 时，沿尺底面在木桩上画线，则画线位置即为高程测设位置。

将水准尺底面置于画线处设计高程位置，测量 A、C 两点之间高差 h'_{AC} 与设计 h_{AC}（$h_{AC}=H_C-H_A$）比较，其差值应在 ±8 mm 范围内。

四、实验注意事项

（1）实验之前应计算好放样所需测设数据，并要进行一定检验核算。

（2）放样过程中，每操作一步均须检核。检核无错后才进行下一步的操作。

五、实验成果

表 16-2　测设数据计算表

边	ΔX/m	ΔY/m	平距 D/m	坐标方位角 /(°　′　″)	测设角度 /(°　′　″)
AB				90°	α=
AC					
BD					β=
BA				270°	

表 16-3　测设成果检核表

边	设计边长 D/m	丈量边长 D'/m	相对误差（$\Delta D/D$）
CD			
FE			
CE（或 DF）			

实验十七　道路圆曲线测设

一、实验目的

(1)掌握圆曲线主点元素的计算与测设方法。

(2)掌握用偏角法进行圆曲线详细测设的方法。

二、实验设备、人员、学时

(1)设备:DJ6 经纬仪 1 台(附脚架),钢尺 1 把,标杆 2 支,测钎 10 支,木桩 3 支,锤子1 把,记录板 1 块,计算器 1 个。

(2)人员:每组 4 人,轮流操作。

(3)学时:课内 2 学时。

三、实验内容及方法

1.圆曲线主点测设

(1)道路圆曲线主点测设之前,需要有标定路线方向的交点 JD 和转点 ZD。在空旷地面打一木桩作为路线交点 JD_1,然后向两个方向(路线的转折角 β 约等于 120°)延伸 30 m 以上,定出两个转点 ZD_1 和 ZD_2,插上测钎,如图 17-1 所示。

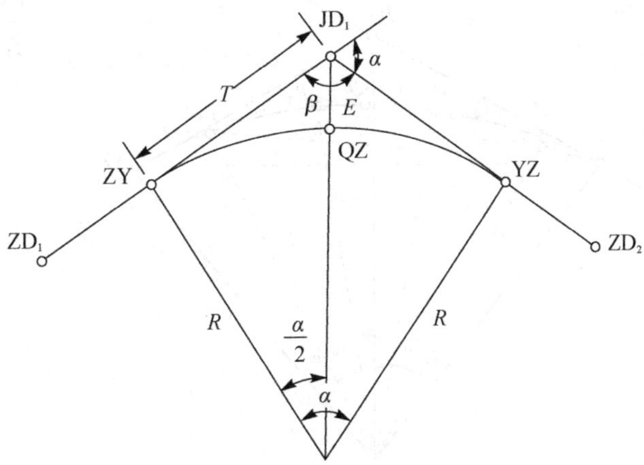

图 17-1　圆曲线的主点测设

(2)在 JD_1 点安置经纬仪,以一个测回测定转折角 β,计算路线偏角 $\alpha=180°-\beta$。设圆曲线的半径 $R=50$ m,按式(17-1)计算圆曲线元素(切线长 T、曲线长 L、外矢距 E、切曲差 q),记录于“圆曲线元素计算表”。

$$\left.\begin{aligned} T&=R\tan\frac{\alpha}{2} \\ L&=R\alpha\frac{\pi}{180} \\ E&=R\sec\frac{\alpha}{2}-R \\ q&=2T-L \end{aligned}\right\} \tag{17-1}$$

(3)用安置于 JD_1 点的经纬仪先后瞄准 ZD_1 和 ZD_2 定出方向,用钢尺在该方向上测设切线长 T,定出圆曲线的起点(直圆点 ZY)和圆曲线的终点(圆直点 YZ),打下木桩,重新测设一次,在木桩顶上标出 ZY 和 YZ 的精确位置。

(4)用经纬仪瞄准 YZ,水平读盘读数置于 0°00′00″,照准部旋转 $\beta/2$,定出转折角的分角线方向，用钢尺测设外矢距 E，定出圆曲线中点 QZ。

2.主点桩号计算

位于道路中线上的曲线主点桩号由交点的桩号推算而得。设交点 JD_1 的桩号为 2＋103.48，根据圆曲线元素，计算曲线主点的桩号为

$$\left.\begin{array}{l} \text{ZY 桩号}=\text{JD 桩号}-T \\ \text{QZ 桩号}=\text{ZY 桩号}+\dfrac{L}{2} \\ \text{YZ 桩号}=\text{QZ 桩号}+\dfrac{L}{2} \\ \text{YZ 桩号}=\text{JD 桩号}+T-J \\ \cdots\cdots \\ \text{(检核)} \end{array}\right\}$$

3.偏角法测设数据计算

设圆曲线上里程每 10 m 需要测设里程桩，则 $l_0=10$ m，l_1 为曲线上第一个整 10 m 桩 P_1 与圆曲线起点 ZY 间的弧长，如图 17-2 所示。用偏角法详细测设圆曲线时，按式(17-2)计算测设 P_1 点的偏角和以后每增加 10 m 弧长的各点的偏角增量 Δ_0。

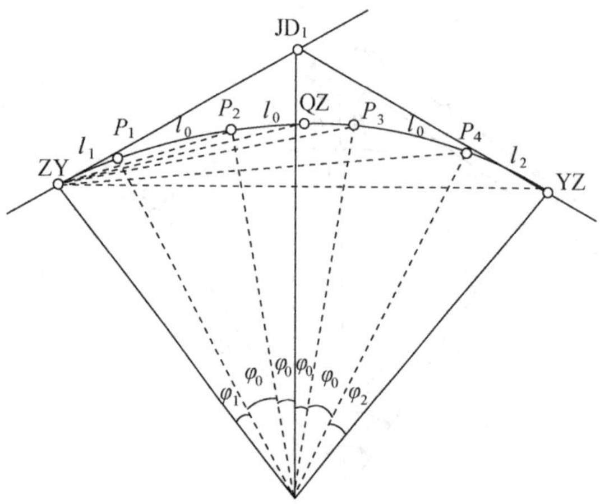

图 17-2　偏角法测设圆曲线

$$\left.\begin{array}{l} \Delta_1=\dfrac{l_1}{2R}\times\dfrac{180}{\pi} \\ \Delta_0=\dfrac{l_0}{2R}\times\dfrac{180}{\pi} \end{array}\right\} \tag{17-2}$$

$P_2,P_3,\cdots,P_i$ 等细部点的偏角按式(17-3)计算。

$$\left.\begin{array}{l} \Delta_2=\Delta_1+\Delta_0 \\ \Delta_3=\Delta_1+2\Delta_0 \\ \cdots \\ \Delta_i=\Delta_1+(i-1)\Delta_0 \end{array}\right\} \tag{17-3}$$

曲线起点至曲线上任一细部点 P_i 的弦长 c_i 按式(17-4)计算。

$$c_i=2R\sin\Delta_i \tag{17-4}$$

曲线上相邻整桩间的弦长 c_0 按式(17-5)计算。

$$c_0=2R\sin\Delta_0 \tag{17-5}$$

曲线上任意两点间的弧长 l 与弦长 c 之差(弦弧差)按式(17-6)计算。

$$l-c=\delta=\frac{l^3}{24R^2} \tag{17-6}$$

根据以上公式和算得的曲线主点桩号，计算圆曲线偏角法测设数据，记录于“圆曲线细部点偏角法测设数据计算表。”

4.详细测设

(1)安置经纬仪于 ZY 点，瞄准 JD_1，变换水平读盘读数为 0°00′00″。

(2)顺时针方向转动照准部，使水平读盘读数为 Δ_1，从 ZY 点在经纬仪所指方向上用钢尺

测设 c_1，得到 P_1 点的位置，用测钎标出。

(3)顺时针方向转动照准部，使水平读盘读数为 Δ_2，从 P_1 点用钢尺测设弦长 c_0，与经纬仪所指方向相交，得到 P_2 点的位置，也用测钎标出，以此类推，测设各桩。

(4)曲线总长较短时，也可根据经纬仪所指偏角方向，从曲线起点量测弦长 c_i，得到 P_i 点的位置。

(5)测设至圆曲线终点 YZ 可作检核。YZ 的偏角应等于 $\alpha/2$，从曲线上最后一点量至 YZ，应等于其计算的弦长。如果两者不符合，其闭合差不应超过如下规定：半径方向(横向)为 ± 0.1 m，切线方向(纵向)为 $\pm\frac{L}{1\,000}$。

四、实验注意事项

(1)圆曲线主点元素和偏角法测设数据的计算应经过两人独立计算，校核无误后，方可进行测设。

(2)本实验所占场地较大，仪器工具较多，应及时收拾，防止遗失。

五、实验成果

表 17-1　圆曲线元素计算表

交点 JD		切线长 T	
转折角 β		曲线长 L	
偏角 α		外矢距 E	
曲线半径 R		切曲差 q	

表 17-2　圆曲线细部点偏角法测设数据计算表

曲线里程桩号	相邻桩点弧长 l /m	偏角 Δ /(° ′ ″)	弦长 c /m	相邻桩点弦长 c /m

实验十八　线路断面图测绘

一、实验目的

(1)掌握线路纵、横断面水准测量的方法。

(2)掌握线路纵、横断面图的绘制。

二、实验设备、人员、学时

(1)设备:DS3 水准仪 1 台,水准尺 2 根,尺垫 2 个,皮尺 1 把,木桩数个,方向架 1 个,榔头 1 把,记录板 1 块。

(2)人员:每组 4 人,轮流操作与记录。

(3)学时:课内 2 学时。

三、实验内容及方法

1.线路纵断面图测绘

(1)如图 18-1 所示,选择一条约 500 m 长的路线,用皮尺量距,每 50 m 打一里程桩,并在坡度与方向变化处打加桩,起点桩号为 0+000。

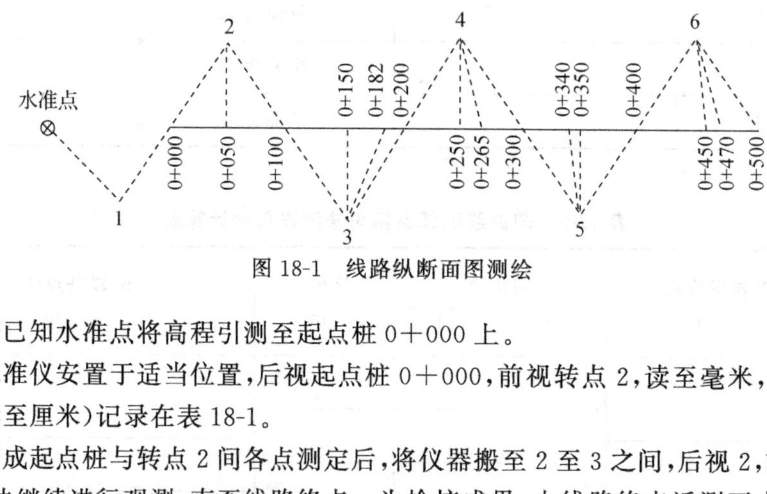

图 18-1　线路纵断面图测绘

(2)根据已知水准点将高程引测至起点桩 0+000 上。

(3)将水准仪安置于适当位置,后视起点桩 0+000,前视转点 2,读至毫米,然后依次将中间视桩号(读至厘米)记录在表 18-1。

(4)在完成起点桩与转点 2 间各点测定后,将仪器搬至 2 至 3 之间,后视 2,前视 3,中间视各桩号。同法继续进行观测,直至线路终点。为检核成果,由线路终点返测至水准点,此时不需要观测各中间点。

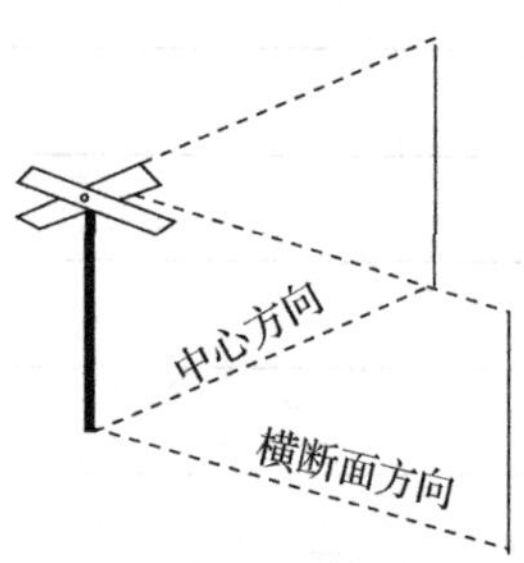

图 18-2　横断面方向

(5)纵断面图的绘制。纵断面图比例尺水平距离为1∶1 000,高程为 1∶100,纵断面图绘制在方格坐标纸上。

2.横断面图测绘

(1)每人选一里程桩进行横断面水准测量。在里程桩上,用方向架确定线路的垂直方向,如图 18-2 所示,在线路左、右两侧各测 20 m,里程桩至左、右侧各坡度变化点距离用皮尺量出,读至分米;高差用水准仪测定,读至厘米。

（2）横断面图的绘制。横断面图比例尺水平距离为1：100，高程为1：100。横断面图绘制在方格坐标纸上。横断面图可在现场边测边绘，及时与实地对照检查。

四、实验注意事项

（1）中间视因无检核，所以读数与计算时要认真仔细，防止出错。

（2）横断面测量与绘图，应注意分清左、右，最好在现场，边测边绘。

（3）线路往、返测闭合差的限差为 $12\sqrt{n}$（mm），n 为测站数。超限应重测。

五、实验成果

表 18-1　纵断面水准测量记录

测站	桩号	水准尺读值/m			高差/m		仪器视线高程/m	高程/m
		后视	前视	中间视	+	−		

实验十九　一井定向

一、实验目的

掌握通过一个竖井进行坐标和方位角传递的方法。

二、实验设备、人员、学时

（1）设备：每组1台经纬仪（附脚架），1块记录板，对钢丝和重锤两套，钢尺一把。

（2）人员：每组4人，交替操作。

（3）学时：课内4学时。

三、实验内容及方法

使用经纬仪和钢尺，先在井上设站，通过角度测量和距离测量将地面的已知坐标和方位角传递给两根自由悬挂的钢丝；在井下设站，通过角度测量和距离测量将两根钢丝的坐标和方位角传递给井下控制点。

1. 建立控制点

如图19-1(a)所示，在井上建立一个近井点 C 和一个定向点 D，井下建立一个近井点 C' 和一个定向点D'，确定井上两个点的坐标和方位角。

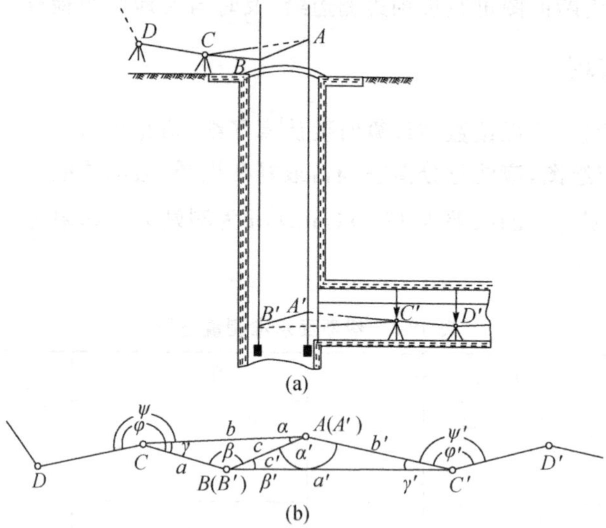

图 19-1　一井定向原理

2. 投点

在竖井(楼房的一侧)悬挂钢丝，钢丝下端连接重锤，使之自由悬挂到定向水平，供测角和量边时使用。长钢丝应自由悬挂，呈稳定铅直状态。

3. 地面联系测量

(1)测角。在C点安置经纬仪，全圆方向法观测水平角γ、φ、ψ；其中有一个多余观测角，用以检核并提高精度。水平角观测的技术要求如表 19-1 所示。当边长CD小于 20 m 时，经纬仪需在C点三次对中进行观测，取其平均值为最后结果。照准部位应高于钢丝与重砣连接处 0.5 m 以上。当连接点C处不设固定点时，连接角测量应独立进行两次。

表 19-1　定向测量水平角观测技术要求

仪器类型	观测方法	测回数	归零差/(″)	测角中误差/(″)	同一方向测回互差	
					一次对中各测回互差/(″)	两次以上对中各测回互差/(″)
J2	全圆法	3	15	7	15	45
J6	全圆法	6	30	7	30	60

(2)量边。如图 19-1(b)所示，量边包括井上，BC、AC、AB(即a、b、c)边。边长丈量应采用经过检定的钢尺，施以检定时的拉力，并记录温度。每边丈量四次，每次丈量后，应将钢尺移动 2～3 cm。每次丈量长度的互差不应大于 2 mm。满足要求后，取其平均值为最后结果。

4. 井下联系测量

(1)测角。在井下C'点安置经纬仪，全圆方向法观测水平角γ'、φ'、ψ'，其中有一个多余观测角 。地下测角的方法和技术要求与地面联系测量测角一致。

(2)量边。如图 19-1(b)所示，量边包括井下$B'C'$、$A'C'$、$A'B'$ (即a'、b'、c')边。地下边长

丈量的方法和技术要求与地面联系测量量边一致。

5. 一井定向的内业计算

在内业计算之前，应对外业测量记录进行检查。经检查无误后，方可开始计算。内业计算包括连接三角形中 α、β 角的计算及其检核，以及井下导线起始点的坐标计算。

连接三角形中 α、β 角的计算是根据正弦定理，按式(19-1)计算。

$$\left.\begin{aligned}\sin\alpha=\frac{a}{c}\cdot\sin\gamma\\ \sin\beta=\frac{b}{c}\cdot\sin\gamma\end{aligned}\right\}\tag{19-1}$$

连接三角形的检核：当 $\gamma<20°$ 时，检核计算公式为

$$c_{计}^2=a^2+b^2-2ab\cdot\cos\gamma\tag{19-2}$$

边长 c 的计算值与测量值之差要求井上不超过 2 mm，井下不超过 4 mm。

坐标计算：由地面控制点 D 起，按导线形式选择一条推算路线，其中包括地面连接点、垂线点、井下连接点以及井下导线起始点，如 $D\to C\to A\to B\to C'\to D'$ 的路线。计算方法同经纬仪导线计算。

一井定向应独立进行两次，其计算结果，井下导线起始边方位角的较差不应超过 2′。当定向条件困难，或矿井一侧巷道长度小于 700 m 时，在满足采矿工程需要的前提下，其较差可以放宽到 4′。

四、实验注意事项

(1)投点时，为使重锤线在短时间内达到稳定铅垂状态，可将重锤放入盛有油类液体的桶中，重锤不能接触桶壁和桶底，重锤线不得与竖井中任何物体接触。

(2)地面和井下的连接三角形应设置成伸展形状，尽量使近井点 C 和 C' 点靠近最近的一根重锤线，尽量增大两重锤线的间距。

第三部分　测量实习

测量实习是学习测量学理论知识以后，集中一段时间进行的教学实践活动，是各项课间实验的综合应用，也是巩固和深化课堂所学知识的必要环节。本书列出测绘与非测绘两大类综合实习内容，测绘类综合实习适合测绘工程、地理信息系统专业为期4～6周的测量实习，非测绘类综合实习适合采矿工程、地质工程、安全技术与科学、环境工程、土木工程、给排水工程、建筑工程、建筑设备管理、交通工程、交通运输等十几个专业的学生1～2周的测量实习。

实验二十　非测绘类专业测量综合实习

一、实习目的与任务

测量实习是测量学理论教学完成后安排的综合性实践教学环节。通过实习不仅能够了解基本测绘工作的全过程，系统地掌握测量仪器的操作、实施计算、地图绘制等基本技能，获取确定点位(测绘和测设)的感性知识，而且还能了解大比例尺地形图测绘的方法，提高在工程中读图用图的能力。测量实习是理论教学和实验课的延续，通过实习可以补充、巩固和深化课堂所学知识，锻炼学生思考问题及动手能力，提高学生的协作意识和实际工程能力。

二、实习内容及日程

实习内容及日程安排如表20-1所示。

表20-1　实习时间安排表

序号	实 习 项 目	时间/天
1	布置实习任务、领仪器、踏勘测区	0.5
2	水准测量及内业计算	1～2
3	导线测量和内业计算	1～2
4	测图前准备工作，绘制方格网展点	0.5
5	经纬仪法测绘1∶1 000比例尺地形图	2～3
6	图上设计及实地放样	1
7	成果整理和技术总结(考核)	0.5

三、实习组织

1.实习队领导

(1)领队。领队由任课教师兼任。职责是全面组织实习大纲的实施。

(2)指导教师。指导教师由教研室指派教师、实验员兼任。职责是协助领队工作，完成分管工作及相关技术指导。

(3)实习队长。学生班长兼任。职责是协助教师做好本队学生的人员组织工作。

(4)作业组长。每组1人。职责是组织执行实习队下达的作业任务,安排组内各成员的工作分工。

(5)质量监督员。每组1人。职责是根据教学要求和测量规范,检查监督技术质量的执行和完成。

2.实习队分组

实习作业组由4～6名学生组成(含组长、质量监督员各1人)。

四、作业要求

1.图根水准测量方法及限差

1)仪器工具

水准仪1套、塔尺2根、尺垫1对、水准测量记录手簿等。

2)测量方法及限差

首级控制测量成果由教师提供,在此基础上进行图根水准控制测量。仪器至标尺距离一般不超过100 m,当成像清晰时可放长至150 m,选取闭合水准路线或附合水准路线,用DS3水准仪,采用双仪高法或双面尺法测量,每测站的高差之差$\Delta h \leqslant 6$(mm),水准路线的高差闭合差为$f_h \leqslant \pm 12\sqrt{n}$(mm)。

注意:在已知点和待定点上不能立尺垫,观测记录必须清楚工整,后视尺只能在仪器迁站时才可向前移。

3)图根水准高程计算

若测量结果满足要求,按简易平差方法调整闭合差,计算控制点的高程,高程精度取至毫米。若不能引测高程,可采用假定高程(起始点的高程假定为120.000 m)。

2. 图根导线及限差

1)仪器工具

经纬仪1套、花杆2根、铁丝若干、钢卷尺、水平角和垂直角记录手簿等。

2)测量方法及限差

水平角观测时,各测点上所立花杆必须铅直,否则直接影响导线闭合差。每站有不合格成果应立即重测,不得迁就,以免影响最终成果。技术要求见表20-2。

表20-2　图根导线限差的技术要求

仪器	测回数	一测回内2C互差/(″)	同一方向值测回互差/(″)	导线相对闭合差	方位角闭合差
J6	2	40	24	1/2 000	$60''\sqrt{n}$

3)图根导线计算

外业观测数据与计算要经检查无误后方能用于内业计算,抄录原始数据要复核。独立完成计算,禁止抄袭他人成果,否则实习成绩按无计算成果处理。各项计算资料应齐全,字迹书写工整,成果正确。

3.利用经纬仪测图

1)测图前的准备

(1)图纸准备。①绘制坐标方格网。用坐标格网尺绘制 40 cm×50 cm 的坐标方格网，线划粗细为 0.1 mm。方格网的边长误差不超过±0.2 mm，对角线长度误差不超过±0.3 mm。②展绘导线点。由指导教师根据地形图分幅情况确定图幅西南角坐标值，根据导线点的坐标值展绘导线点。导线点的符号按地形图图式规定的符号绘制，展绘的精度要求为相邻导线点间的图上距离与相应的坐标反算得到的距离比较，其差值应不超过图上±0.3 mm。

(2)工具准备。测图主要工具有：经纬仪、视距尺、图板、半圆仪、计算器及绘图包一个。

2)测图方法及基本要求

(1)测图方法。采用经纬仪结合半圆仪的极坐标法施测碎部点。

(2)任务量。每组应完成 1 幅 1∶1 000 校园地形图，每幅图应测出图廓外 5 mm。

(3)图面信息。测绘房屋、道路、围栏、水系、地类边界等主要地物，管线、独立树、井盖、灌木等可不绘。

(4)测图要求。观测中要遵循“边测边绘，看不清不绘的原则”，高程注记至分米，字头朝北，每格高程注记不得少于 9 个。房屋以墙角为准，注记层次、结构，一般不取舍，其轮廓凹凸小于图上 0.4 mm 的可用直线连接。临时性建筑、堆积物等可不测绘。永久电力线、通信线均应测绘，电杆位置实测，在杆架处绘出连线方向；围墙、栅栏均应测绘；院内道路应按实际位置测绘，并标注路面材料；独立树、行树、花圃 、草地均应测绘；上下井及暖气井、污水井、消火栓等不再测绘，其他不详之处请查阅《城市测量规范》(CJJ8—1999)和《国家基本比例尺地图图式第 1 部分：1∶500　1∶1 000　1∶2 000 地形图图式》(GB/T 20257.1—2007)。选用 3H～5H(根据季节)绘图铅笔，线划宽度 0.08 mm，现场对照实物边测边绘。清绘时，线划宽度、地物符号、注记符号严格按《地形图图式》规定绘制。

(5)增补测站。应充分利用图根点做测站，当这些点不能满足测图需要时，可应用视距支导线法增补测站点。一般地区只允许布设一条边的支导线，支导线边长不得超过用于定向的边长，要往返测定。视距往返较差不得大于 1/200，当支导线边长超过 70 m 小于 100 m 时，应实量其距离。可布设一条边的视距支导线，其边长不超过图板定向边长，视距法往返测较差不应大于 1/200。

3)各种地物的测绘

地物测绘主要是将地物的形状特征点测定下来，例如：地物轮廓的转折点、交叉点、曲线上的弯曲变换点、独立地物的中心点等。连接这些特征点，便得到与实地相似的地物形状。

(1)居民地。居民地房屋的排列形式很多，农村中以散列式即不规则的排列房屋较多，城市中的房屋排列比较整齐。测绘居民地根据所需测图比例尺的不同，在综合取舍方面就不一样。对于居民地的外围轮廓，都应准确测绘。其内部的主要街道以及较大的空地应区分出来。对散列式的居民地、独立房屋应分别测绘。房屋应注记其层数和结构。测绘房屋时，一般只要测出房屋三个房角的位置，即可确定整个房屋的位置。

(2)道路。铁路符号按图式规定表示。测绘铁路时，标尺应立于铁轨的中心线上。对于 1∶2 000或更大比例尺测图时，路堤测绘应包括铁路中心线、路堤的路肩、路堤的坡底或边沟。铁路线的高程是铁轨面的高程，测出铁轨面的高程后注记在中心线上。铁路的直线部分立尺点可稀，曲线及道岔部分应密，这样才能正确地表达铁路的实际位置，铁路两旁的附属建筑物如信号灯、板道房、里程碑等，都应按实际位置测出。公路的测定方法有中心线法、边线法等。对于高速公路应测绘路面宽及其附属设施，如收费站、斜坡、水沟、绿化带、栅栏或铁丝网等。而等级公路只测绘路基宽和铺面宽、铺设材料，应注明国道。小路主要指居民地之间来往的通道，田间劳动的小路一般不测绘，上山小路应视其重要程度选择测绘。如该地区小路稀少应不舍去。人行小路若与田埂重合应绘小路不绘田埂。

(3)管线。架空管线、在转折处的支架塔柱应实测，位于直线部分的可用挡距长度在图上以图解法确定。塔柱上有变压器时，变压器的位置按其与塔柱的相应位置绘出。电线和管道用规定符号表示。电力线和通信线之间的连线可不表示。地下光缆按规定符号和需要表示。

(4)水系。水系包括河流、渠道、湖泊、池塘等地物，通常无特殊要求时均以岸边为界，如果要求测出水涯线(水面与地面的交线)、洪水位(历史上最高水位的位置)及平水位(常年一般水位的位置)时，应按要求在调查研究的基础上进行测绘。湖泊的边界经人工整理，筑堤、修有建筑物的地段是明显的，在自然耕地的地段大多不甚明显，测绘时要根据具体情况和用图单位的要求来确定以湖岸或水涯线为准。河流的两岸一般不太规则，在保证精度的前提下，对于小的弯曲和岸边不甚明显的地段可进行适当取舍。对于在图上只能以单线表示的小沟，不必测绘其两岸，只要测出其中心线位置即可。渠道比较规则，有的两岸有堤，测绘时可以参照公路的测法。对那些田间临时性的小渠不必测出，以免影响图面清晰。

(5)植被。测绘植被是为了反映地面的植被情况。所以要测出各类植被的边界，用地类界符号表示其范围，再加注植被符号和说明。边界的重叠如地类界与道路、河流、栏栅等实地地物界线重合时，则可不绘出地类界，但与境界、电力线、通信线等实地地面上没有的地物界线重合时，地类界应移位绘出。

4)各种地貌的测绘

测绘等高线与测绘地物一样，首先需要确定地貌特征点，然后连接地性线，得到地貌整个骨干的基本轮廓，按等高线的性质，再对照实地情况描绘等高线。地貌特征点是指山顶点、鞍部点、山脊线和山谷线的坡度变换点，山坡上的坡度变换点以及山脚与平地相交点，也就是各类地貌的坡度变换点即地貌特征点。在测定了地貌特征点后，通常以实线连接成山脊线，以虚线连成山谷线，完成地性线的连接，内插出每整米高程的等高线通过点，然后根据实际的具体情况，将地表上同高的点连起来，勾绘等高线。

(1)山顶。山顶是山的最高部分，山顶要按实地形状描绘。山顶的形状很多，有尖山顶、圆山顶、平山顶等。尖山顶附近倾斜比较一致，尖山顶的等高线之间的平距大小相等，即使在顶部，等高线之间的平距也没有多大的变化。测绘时标尺点除立在山顶外，其周围适当立一些就够了。圆山顶顶部坡度比较平缓，愈至山顶，平距逐渐增大，顶部最大。测绘时山顶最高点应立尺，山顶附近坡度逐渐变化的地方也需要立尺。平山顶顶部平坦，到一定范围时坡度突然变化。测绘时必须特别注意在山顶坡度变化处立尺，否则地貌的真实性将受到显著影响。

(2)山脊。山脊是山体延伸的最高棱线，山脊的等高线均向下坡方向凸出，两侧基本对称，山脊的坡度变化反映了山脊纵断面的起伏情况，山脊等高线的尖圆程度反映了山脊横断面的形状。山脊的形状可分为尖山脊、圆山脊和台阶状山脊。尖山脊的山脊线比较明显，测绘时除在山脊线上立尺外，两侧山坡也应有适当的立尺点。圆山脊的脊部有一定的宽度，测绘时注意正确确定山脊线的实地位置，然后立尺。此外对山脊两侧山坡也必须注意它的坡度的逐渐变化，恰如其分地选定立尺点。台阶状山脊应注意由脊部至两侧山坡坡度变化的位置，测绘时，恰当地选择立尺点,才能控制山脊的宽度。不要把台阶状山脊的地貌测绘成圆山脊甚至尖山脊的地貌。

(3)山谷。山谷等高线表示的特点与山脊等高线所表示的相反。山谷的形状也可分为尖底谷、圆底谷和平底谷。尖底谷的底部尖窄,等高线通过谷底时呈尖状。其下部常常有小溪流,山谷线较明显。测绘时,标尺点应选择在等高线的转弯处。圆底谷的底部近于圆弧状,等高线通过谷底时呈圆弧状。圆底谷的山谷线不太明显,所以测绘时,应注意山谷线的位置和谷底形成的地方。平底谷的谷底较宽,底坡平缓,两侧较陡,等高线通过谷底时在其两侧近于直角状。平底谷多系人工开辟耕地之后形成的,测绘时,标尺点应选择在山坡与谷底相交的地方,这样才能控制住山谷的宽度和走向。

(4)鞍部。鞍部是相邻两个山顶之间呈马鞍形的地方,可分为窄短鞍部、窄长鞍部和平宽鞍部。鞍部往往是山区道路通过的地方,有重要的方位作用。测绘时在鞍部的最低点必须有立尺点,以便使等高线的形状正确。鞍部附近的立尺点应视坡度变化情况选择。描绘等高线时要注意鞍部的中心位于分水线的最低位置上,并针对鞍部的特点,抓住两对同高程的等高线分别描绘,即一对高于鞍部的山脊等高线,另一对低于鞍部的山谷等高线,这两对等高线近似地对称。

(5)盆地。盆地是中间低四周高的地形,其等高线的特点与山顶相似,但其高低相反,即外圈的等高线高于内圈的等高线。测绘时,除在盆底最低处立尺外,对于盆底四周及盆壁地形变化的地方均应适当选择立尺点,才能正确显示出盆地的地貌。

(6)山坡。上述几种地貌形状之间都有山坡相连,山坡虽都是倾斜的面,但坡度是有变化的。测绘时标尺位置应选择在坡度变换的地方。坡面上的地形变化实际也就是一些不明显的小山脊、小山谷,等高线的弯曲也不大。因此,必须特别注意选择标尺点的位置,以显示出微小地貌来。

(7)梯田。梯田是在高山上、山坡上及山谷中经人工改造了的地貌。梯田有水平梯田和倾斜梯田两种。梯田在地形图上以等高线、符号和高程注记(或坎上坎下的高差注记)结合的形式来表示。测绘时要沿田坎立标尺,注意等高线的进出点和田坎坎上坎下的高差注记。描绘时应先绘田坎符号,要对照地貌情况,边测边绘等高线,以防错漏。

(8)不用等高线表示的地貌。除了用等高线表示的地貌外,还有些地貌如雨裂、冲沟、悬崖、陡壁、砂崩崖、土崩崖等都不能用等高线表示。这些地貌可用测绘地物的方法,测绘其轮廓位置,用图式规定的符号表示。注意这些符号与等高线的关系不要发生矛盾。

(9)地貌测绘时的注意事项。

——主次分明。以上所述是用等高线表示几种基本地貌的测绘方法。实地的地貌是复杂的,是各种地貌要素的综合体,测绘时应区别对待,找出主要的地貌要素,用等高线逼真地表示。

——选择测点。测绘时立尺点的选择十分重要,在一个测站上要有统筹考虑,全盘计划。测点太密,影响图面清晰,增加工作量;测点太稀,不能真实地反映地貌形状。

——团结协作。地形图的测绘是集体工作,其中每一个环节都很重要,互相之间要配合好,立尺员和绘图员之间要密切合作,每个立尺点的作用以及点位之间的联系,双方都要清楚,必要时,测绘一段时间之后立尺员应回到测站上向绘图员讲明情况,然后再继续工作。

5)注记

注记是地形图的重要内容之一,应对各种名称注记、说明注记和数字注记准确注出。名称注记必须使用国务院公布的简化汉字。各种注记的字义、字体、字级、字序、字位应准确无误,间隔应均匀相等,宜根据所指地物的面积和长度妥善配置。

(1)注记的排列形式。

——水平字列。各字中心连线应平行于南、北图廓,由左向右排列。

——垂直字列。各字中心连线应垂直于南、北图廓,由上而下排列。

——雁形字列。各字中心连线应为直线且斜交于南、北图廓。

——屈曲字列。各字字边应垂直或平行于线状地物,且依线状地物的弯曲形状而排列。

(2)注记的字向。注记的字向宜为正向,字头朝向北图廓,道路、弄堂、门牌号等应按光线法则进行注记。

(3)居民地名称注记。

——居民地名称,如城市、集镇、村宅、街道、新村、公寓等居民地名称,均应查明注记。农村居民地应查注其自然村名,如无自然村名,则可查注其行政村名(行政机关办公所在地)。散居的居民地,如用一个注记不能包括时,可分注几个。

——居民地名称注记应采用水平字列、正向排列。根据居民地的图形情况也可采用垂直字列或雁形字列,正向排列。

——居民地名称注记的字体、字号均应按图式要求注记。

(4)各种说明注记。

——名称说明注记。凡独立的、范围较大的均应查明并注其名称。非独立的可选择注记,同一建筑有多种不同性质单位使用时,有建筑名称的可注记建筑名称,否则可择注其大的或对外接触面广的一个单位名称。有保密性质的机构不得注记。建筑物的名称应与地名主管部门公布的一致。单位名称宜全名注记,不得任意删简。

——性质说明注记是指各种地物及管线的属性注记,如土质和植被的种类及品名(松、苹、草坪、苇等),建筑物建筑材料注记(如混、砖木)及特殊情况说明。

——注记的位置。名称注记在所属单位的范围内,不偏于一隅,不妨碍地物、地貌线条为原则。说明注记应注在其内部适中的位置。

(5)各种数字注记。

——数字注记包括控制点点号、高程值、门牌号、公路等级代码和编号及其他数字注记。

——各种数字注记应按相应的字体大小选用。

4. 图上设计及实地放样

大比例尺地形图测绘完成后,学生可在教师的指导下,结合各自专业的特点,在地形图上完成相关的应用。

1)采矿工程、安全工程专业

根据自绘的地形图设计隧道洞外施工平面控制网。

(1)根据教师指定的隧道进出洞口和地形图进行现场踏勘,结合现场实际地形确定控制网布设形式及现场进行选点,并将选定的控制点标注在地形图上。

(2)图解相关数据、确定控制测量等级,用以估算贯通误差。

(3)如果估算的贯通误差超限,则应重新进行控制测量设计,直至满足要求为止。

2)土木工程、建筑设计、交通工程专业

(1)在地形图上按照教师指定的两点间测绘线路纵断面图。

(2)根据线路纵断面测量的成果,在自绘的纵断面图上依次标注里程、加桩及其地面标高。给定起点设计高程、变坡点位置及各坡段设计坡度后,根据其里程计算各中线桩的路肩设计标高并注于图中。在线路平面栏内绘出平面示意图,注记曲线综合要素,并在相应位置标注弯道头、道尾的里程。

(3)在地形图上完成教师指定的两点间的限坡为8%的选线设计。

3)工程管理、交通运输、物流专业

在地形图上完成一个标准田径运动场的场地平整设计工作。该田径运动场设计为180 m×80 m的矩形,按如下步骤进行:

(1)绘制方格网(方格边长对应的实地平距为10 m),方格网点按矩阵法予以编号,并注记于网点的左上方。

(2)按直线内插法量算网点的地面高程 H,并标注于网点的左下方。

(3)根据填、挖方工程量大致平衡的原则,计算场地的设计高程。

(4)根据网点的地面高程和设计高程计算网点的填挖高度,并标注于网点的右上方。

(5)按直线内插法标绘高程为设计高程的等高线,此即为填挖边界线。

(6)按平均高度法计算土石方工程量,填方、挖方分别计算,土方、石方分别计算。

4)给排水工程专业、环境工程和建筑环境专业

(1)在地形图上按照教师指定的两点间测绘线路纵断面图与横断面图。

(2)在地形图上设计一座 $R=25$ m、$H=4.5$ m的圆形污水池,标注池中心的设计坐标及地底的设计高程;并设计出一条与之配套的污水管道,标注出口点的设计坐标及高程;绘出该管道的纵断面图,标注桩号、坡度、管径($\phi=250$ mm)、地面高程、管底设计高程、埋深等。

5)地质勘查工程专业、石油工程专业

(1)在地形图上按照教师指定的区域设计勘探钻孔桩位分布略图。

(2)图解出各个钻孔的设计坐标,计算实际放样数据。

五、应交成果

(1)每人上交水准测量观测记录、内业计算各一份。

(2)每个小组上交导线观测记录、导线内业计算、放样计算各一份。

(3)每人上交实习的技术总结与心得一份。

(4)每个小组上交平面图一幅。

六、成绩评定

实习考核由实习指导教师根据每组及每位同学所提交的实习成果的质量、在实习期间的表现(包括出勤情况等)、实习考查的成绩、实习纪律、仪器完好情况等综合评分,按优、良、中、及格、不及格五级评分制评定成绩。

实验二十一　测绘专业测量综合实习

一、实习目的与要求

测量综合实习在“测量学”、“数字测图原理与方法”理论教学完成后安排的综合性实践教学环节。通过实习能够了解基本测绘工作的全过程，系统地培养测量仪器的操作、实施计算、地图绘制等基本技能，熟练掌握利用全站仪和CASS软件进行数字地形图测绘成图方法，学会大比例尺数字地形图测绘工程中各项内容的实施和组织，巩固和深化课堂教学内容。

二、实习组织

实习按队、组形式进行组织。每班为1个实习队，班长担任队长。学生实习作业组由4～6人组成(含组长、质量监督员各1人)，实行组长负责制。

(1)领队。任课教师兼任，职责是全面组织实习大纲的实施。

(2)指导教师。由教研室指派教师、实验员兼任，职责是协助领队工作，完成分管工作及相关技术指导。

(3)实习队长。学生班长兼任，职责是协助教师做好本队学生的人员组织工作。

(4)作业组长。每组一人，职责是组织执行实习队下达的作业任务，安排组内各成员的工作分工。组长应起到指导教师和同学之间的桥梁作用，协调好师生及同学间的配合联络关系，负责全组的实习分工和仪器管理。

(5)质量监督员。每组一人，职责是根据教学要求和测量规范，检查监督技术质量的执行和完成。

三、实习任务

实验任务主要包括三项内容：四等水准测量、城市二级导线测量、1∶500数字地形测量。为保证每个学生在实习中得到锻炼，规定每个学生必须独立完成如下任务：

(1)完成不少于5 km路线长的四等水准测量的观测和记录，以及整条水准路线的高差配赋计算。

(2)熟练掌握J6经纬仪的使用方法，能够在10 min内完成仪器的对中、整平及测回法水平角观测(两个测回)。

(3)完成不少于4个测站导线测量的观测、记录和一条导线的计算工作。采用图根光电测距三角高程测量方法测定各导线点的高程。

(4)完成不少于两天的全站仪观测、草图绘制、碎部立尺、内业绘图等数字测图中的分项工作。

四、实习进程

实习计划进程如表21-1所示，实习过程中如遇极端恶劣天气，实习无法进行时，时间安排依次顺延。

表 21-1 实习进程计划表(测绘工程专业)

<table>
<tr><th>序号</th><th colspan="2">实习任务</th><th>备注</th><th>时间/天</th></tr>
<tr><td>1</td><td colspan="2">实习动员大会、外业踏勘</td><td>外业踏勘每组选派 1 人参与</td><td>1</td></tr>
<tr><td>2</td><td colspan="2">四等水准测量</td><td>每人独立完成观测任务、内业成果整理与计算</td><td>4～6</td></tr>
<tr><td>3</td><td colspan="2">J6 经纬仪角度测量</td><td>测回法
全圆方向法</td><td>2</td></tr>
<tr><td>4</td><td colspan="2">导线测量</td><td>在校园内独立选点、观测、计算，成果供本组测图时使用</td><td>4～7</td></tr>
<tr><td rowspan="2">5</td><td rowspan="2">全站仪数字测图</td><td>校内实习基地</td><td rowspan="2">为避免人员拥挤、互相干扰，两班分开进行</td><td rowspan="2">5～10</td></tr>
<tr><td>校外实习基地</td></tr>
<tr><td>6</td><td colspan="2">数字地形图内业检查</td><td>小组自检、组间互检、教师抽检</td><td>2</td></tr>
<tr><td>7</td><td colspan="2">交还仪器，实习总结大会，成果整理、撰写实习报告</td><td>优秀实习成果展览与学习</td><td>2</td></tr>
</table>

五、技术要求

1.执行规范

本次实习包括三项内容：电磁波测距导线测量、水准测量和数字测图。执行如下规范：

(1)《城市测量规范》(CJJ8－1999)。

(2)《国家三、四等水准测量规范》(GB12898－1991)。

(3)《国家基本比例尺地图图式 第 1 部分：1∶500 1∶1 000 1∶2 000 地形图图式》(GB/T 20257.1－2007)。

2.导线测量要求

(1)观测按相应的测量标准的要求执行，距离测量的气象数据不记录。

(2)仪器的操作应符合要求，手簿应记录完整，符合附录 B 的规定。

(3)记录和计算应符合规范要求，计算结果取位至 0.001 m。导线观测和计算限差见表 21-2 和表 21-3。

表 21-2 导线测量基本技术要求

<table>
<tr><th colspan="3">水平角(2″级仪器)</th><th colspan="3">距离</th><th rowspan="2">方位角闭合差</th><th rowspan="2">导线相对闭合差</th></tr>
<tr><th>测回数</th><th>同一方向值各测回较差</th><th>一测回内 2C 较差</th><th>照准次数</th><th>读数次数</th><th>读数差</th></tr>
<tr><td>2</td><td>9″</td><td>13″</td><td>1</td><td>4</td><td>5 mm</td><td>$\pm 10'' \sqrt{n}$</td><td>≤1/14 000</td></tr>
</table>

注：表中 n 为测站数。

3.水准测量要求

(1)观测顺序为“后－前－前－后”。

(2)观测按相应的测量标准的要求严格执行。

(3)手簿应记录完整,符合规定。

(4)计算按规范执行,计算表中应注明高差闭合差和高差闭合差容许值。观测限差见表 3-1。

(5)水准测量各组设站数不限,但每测段测站数必须为偶数。

4. 数字测图实施与要求

1)施测要求

实习采用草图法进行数字测图。成图软件采用南方测绘公司的 CASS 软件系统。碎部点坐标测量采用极坐标法,也可采用量距法和交会法等,碎部点高程采用三角高程测量。

设站时,仪器对中误差不应大于 5 mm ,照准一图根点作为起始方向,观测另一图根点作为检核,算得检核点的平面位置误差不应大于图上 0.2 mm。检查另一图根点高程,其较差不应大于 0.1 m 。采集数据时,测距最大长度为 300 m。高程注记点应分布均匀,间距为 15 m,平坦及地形简单地区可放宽至 1.5 倍。高程注记点应注至厘米。地形较复杂的地方,应在采集数据的现场,实时绘制草图。

每天工作结束后应及时对采集的数据进行检查。若草图绘制有错误,应按照实地情况修改草图。若数据记录有错误,可修改测点编号、地形码和信息码,但严禁修改观测数据,否则须返工重测。对错漏数据要及时补测,超限的数据应重测。

数据文件应及时存盘并备份。

2)测量内容及取舍

测量控制点是测绘地形图的主要依据,在图上应精确表示。房屋的轮廓应以墙基外角为准,并按建筑材料和性质分类,注记层数。房屋应逐个表示,临时性房屋可舍去。建筑物和围墙轮廓凸凹在图上小于 0.4 mm ,简单房屋小于 0.6 mm 时,可用直线连接。校园内道路应将车行道、人行道按实际位置测绘。其他道路按内部道路绘出。沿道路两侧排列的以及其他成行的树木均用“行树”符号表示。符号间距视具体情况可放大或缩小。电线杆位置应实测,可不连线,但应绘出电线连线方向。架空的、地面上的管道均应实测,并注记传输物质的名称。地下管线检修井、消防栓应测绘表示。各项地理名称注记位置应适当,无遗漏。居民地、道路、单位名称和房屋栋号应正确注记。

其他地物参照《城市测量规范》(CJJ8—1999)和《国家基本比例尺地图图式 第 1 部分:1∶500　1∶1 000　1∶2 000 地形图图式》(GB/T 20257.1—2007)合理取舍。

六、仪器和工具

整个实习过程中每个小组应领取绘图包 1 个,记录板 1 块,雨伞 1 把。在不同实习任务的进程中,还需领取不同的仪器与工具。

(1)水准测量。DS3 水准仪(附脚架)1 台,水准尺 1 对,尺垫 2 个,水准测量手簿 1 本。

(2)经纬仪角度测量。每组 1 台 DJ6 级经纬仪(附脚架),测钎 2 支,记录板 1 块。

(3)导线测量。全站仪(包括电池、充电器)1 台、棱镜组箱 2 个,脚架 3 个,20 m 钢卷尺 1 把,导线测量手簿 1 本。

(4)数字测图。全站仪(包括电池、充电器)1 台、单棱镜 1 个,单杆 1 个,三脚架 1 个。

七、实习成果提交

(1)每人上交水准测量观测记录、内业计算各1份。

(2)每人上交实习的技术总结与心得1份。

(3)每个小组上交导线观测记录、导线内业计算各1份。

(4)每个小组上交数字地形图1幅。

八、成绩评定

实习考核由实习指导教师根据每组及每位同学所提交的实习成果的质量、在实习期间的表现(包括出勤情况等)、实习考查的成绩、实习纪律、仪器完好情况等综合评分,按优、良、中、及格、不及格五级评分制评定成绩。

九、测区控制点图

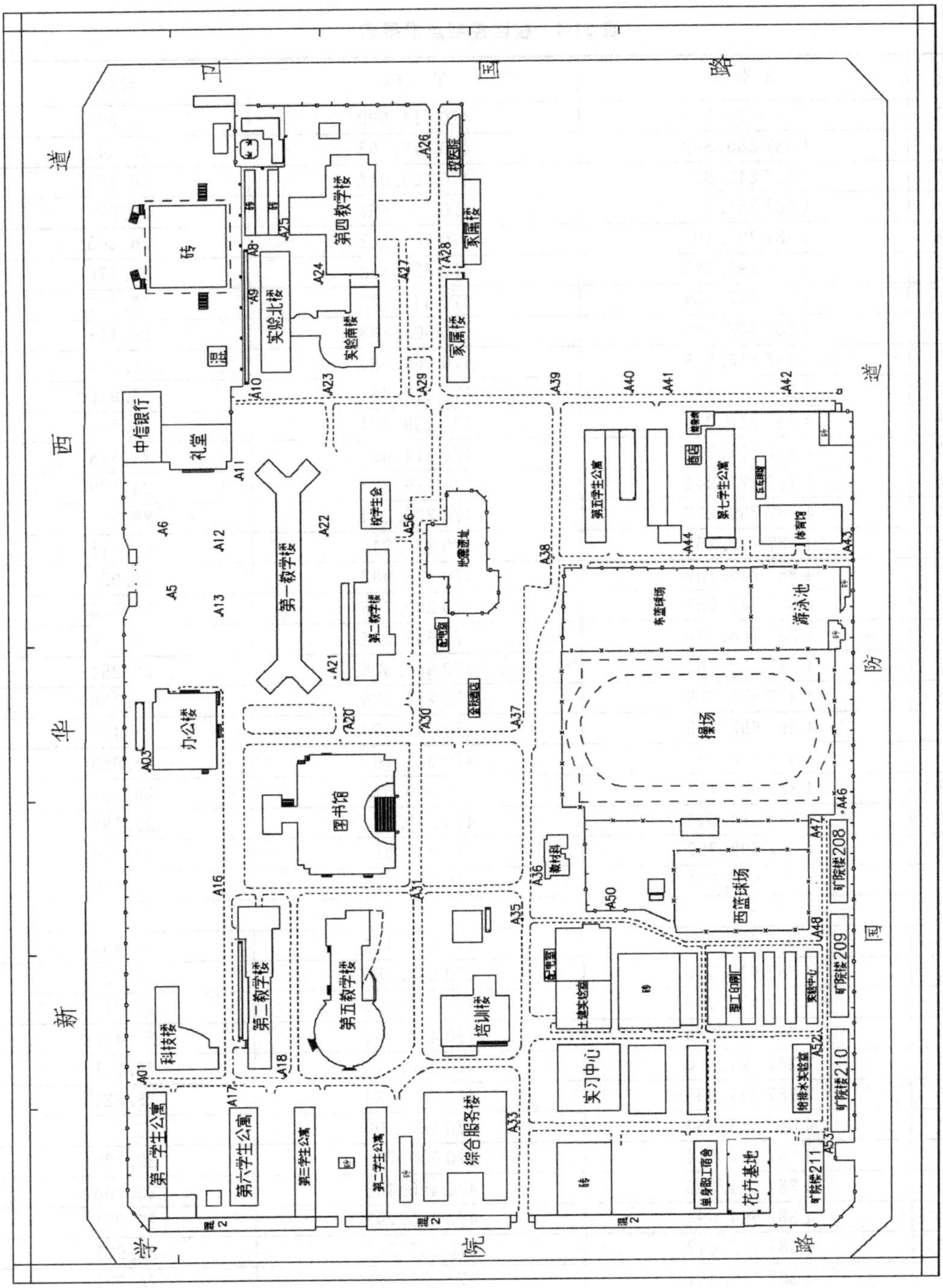

图21-1 河北联合大学控制点示意图

十、测区控制点成果表

表 21-4 校园控制点成果表

点名	X 坐标	Y 坐标	高程
A01	438 7871.287	470 114.692	24.573
A03	4 387 866.882	470 317.365	25.645
A05	4 387 848.876	470 429.014	26.114
A06	4 387 854.6	470 470.492	26.074
A08	4 387 795.193	470 660.282	26.205
A09	4 387 795.785	470 620.312	26.176
A10	4 387 797.554	470 561.022	26.192
A11	4 387 803.023	470 505.493	26.111
A12	4 387 816.816	470 459.985	26.087
A13	4 387 817.138	470 417.76	25.919
A16	4 387 817.034	470 239.601	24.892
A17	4 387 811.286	470 114.69	24.328
A18	4 387 777.244	470 119.283	24.179
A20	4 387 739.258	470 336.204	25.32
A21	4 387 742.268	470 377.24	25.811
A22	4 387 746.867	470 468.982	25.95
A23	4 387 743.555	470 560.748	26.073
A24	4 387 748.978	470 632.694	26.316
A25	4 387 772.165	470 661.508	26.254
A26	4 387 678.059	470 714.226	26.138
A27	4 387 692.263	470 634.299	26.157
A28	4 387 670.31	470 641.76	25.958
A29	4 387 681.117	470 560.672	25.881
A30	4 387 684.614	470 343.07	25.199
A31	4 387 692.797	470 238.61	24.529
A33	4 387 620.521	470 087.776	23.648
	…		
A35	4 387 617.763	470 219.431	24.354
A36	4 387 612.128	470 243.188	24.391
A37	4 387 619.148	470 344.195	25.07
A38	4 387 595.286	470 453.591	25.459
A39	4 387 591.396	470 560.472	25.761
A40	4 387 541.955	470 560.534	25.521
A41	4 387 515.934	470 560.409	25.363
A42	4 387 437.574	470 559.766	29.125
A43	4 387 394.703	470 455.468	25.066
A44	4 387 504.893	470 455.793	25.271
A46	4 387 402.442	470 287.249	24.921
A47	4 387 416.821	470 285.377	24.931
A48	4 387 417.374	470 205.861	24.475
A50	4 387 556.33	470 222.224	24.556
A52	4 387 417.298	470 143.996	24.376
A53	4 387 415.145	470 081.396	24.518
A56	4 387 690.259	470 469.366	26.033

参考书目

[1] 程效军,须鼎兴,刘春.2005.测量实习教程.上海:同济大学出版社.

[2] 高井祥,张书毕,汪应宏,等.1998.测量学.徐州:中国矿业大学出版社.

[3] 顾孝烈,鲍峰,程效军.1999.测量学.2版.上海:同济大学出版社.

[4] 胡伍生,朱小华.2004.测量实习指导书.南京:东南大学出版社.

[5] 刘谊,汪金花,吴长悦.2005.测量学通用基础教程.北京:测绘出版社.

[6] 卢正,吴清海,黄国斌,等.2005.建筑工程测量实训指导.北京:科学出版社.

[7] 潘正风,杨正尧,程效军,等.2005.数字测图原理与方法习题和实验.武汉:武汉大学出版社.

[8] 姚德新. 2008.土木工程测量学实验教程.北京:中国铁道出版社.

附录A 《1∶500 1∶1 000 1∶2 000地形图图式》

编号	符号名称	符号式样 1∶500	1∶1 000	1∶2000
1	三角点 a. 土堆上的 凤凰山、南湖小山——点名 69.548、189.562——高程 5.0——比高	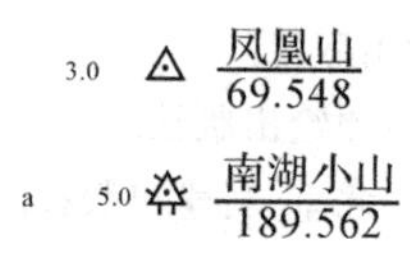		
2	导线点 a. 土堆上的 Ⅱ15、Ⅱ22——等级、点号 54.23、48.32——高程 2.4——比高	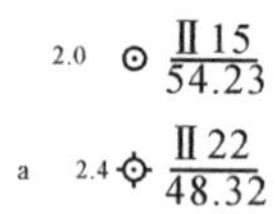		
3	水准点 Ⅲ——等级 小山4——点名点号 19.208——高程	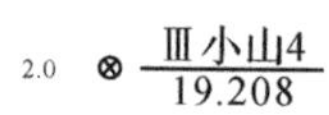		
4	卫星定位等级点 C——等级 15——点号 398.632——高程	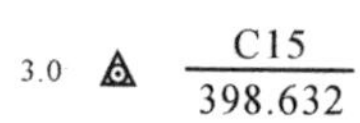		
5	地面河流 a. 岸线 b. 高水位岸线 陡河——河流名称	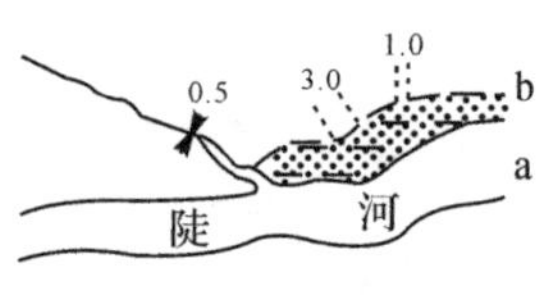		
6	涵洞 a. 依比例尺的 b. 半依比例尺的			
7	池塘			
8	单幢房屋 a. 一般房屋 b. 有地下室的房屋 c. 突出房屋 d. 简单房屋 混、钢——房屋结构 1、3、28——房屋层数 —2——地下房屋层数	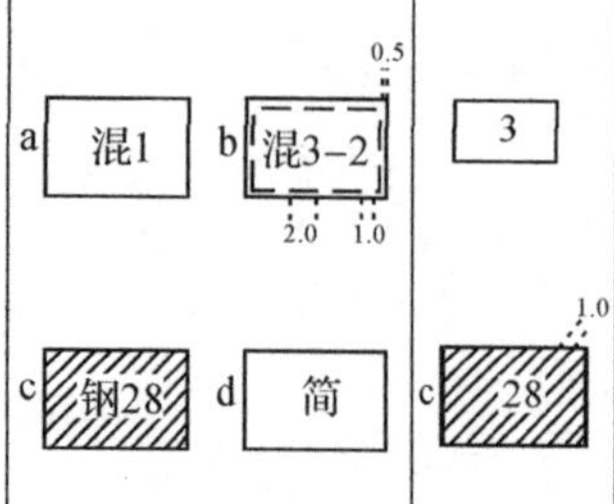		
9	建筑中房屋			
10	棚房 a. 四边有墙的 b. 一边有墙的 c. 无墙的	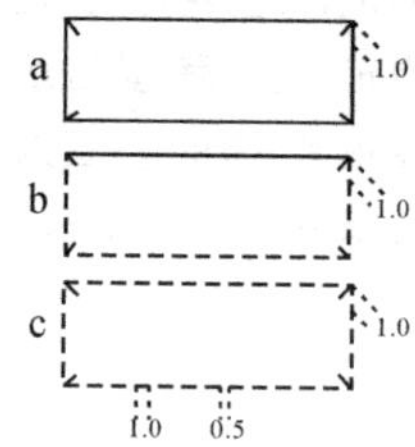		
11	破坏房屋	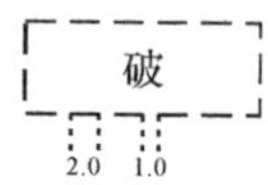		
12	水塔 a. 依比例尺的 b. 不依比例尺的			
13	地磅 a. 房屋、棚房内的 b. 雨罩下的 c. 露天的	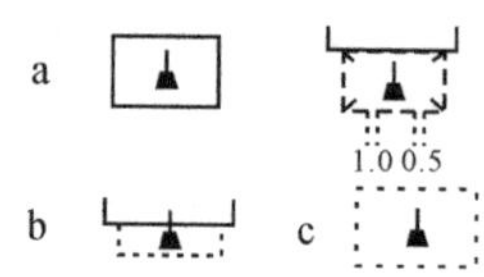		
14	温室、大棚 a. 依比例尺的 b. 不依比例尺的 菜、花——植物种类说明			
15	厕所			
16	坟地、公墓 a. 依比例尺的 b. 不依比例尺的			
17	围墙 a. 依比例尺的 b. 不依比例尺的	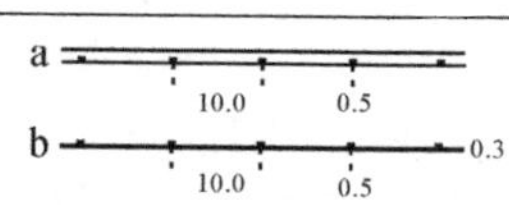		
18	栅栏、栏杆	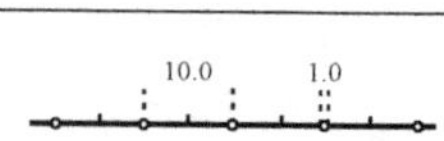		
19	篱笆	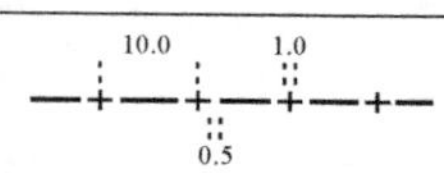		

续表

编号	符号名称	符号式样 1∶500	1∶1 000	1∶2000
20	铁丝网、电网	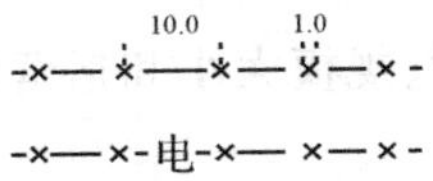		
21	路灯			
22	喷水池			
23	标准轨铁路 a. 一般的 b. 电气化的 b1. 电杆 c. 建筑中的	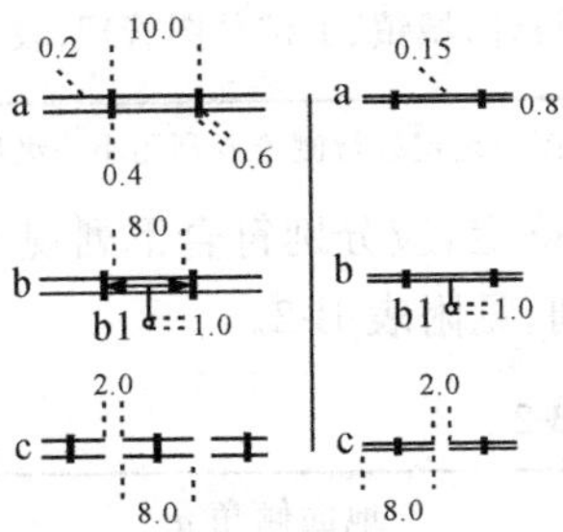		
24	内部道路			
25	架空的高压输电线 a. 电杆 35——电压(kV)	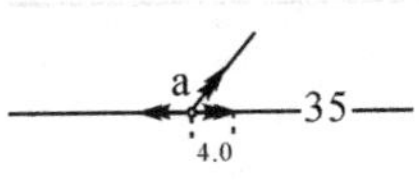		
26	架空的配电线 a. 电杆	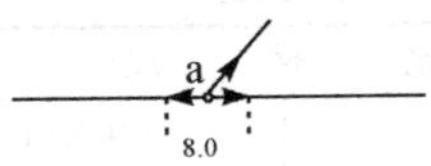		
27	变电器 a. 电线杆上的变压器			
28	高程点及其注记 183.3、—32.6——高程	0.5 · 183.3 · −32.6		
29	陡崖、陡坎 a. 土质的 b. 石质的 18.6、22.5——比高	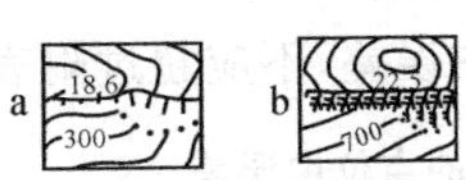		
30	斜坡 a. 未加固的 b. 已加固的	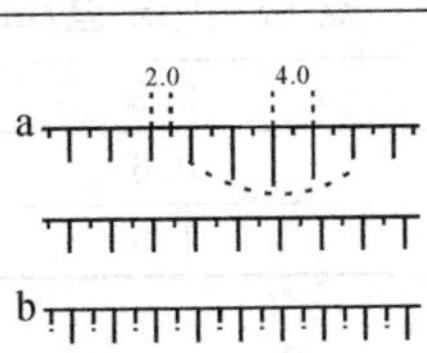		
31	稻田 a. 田埂	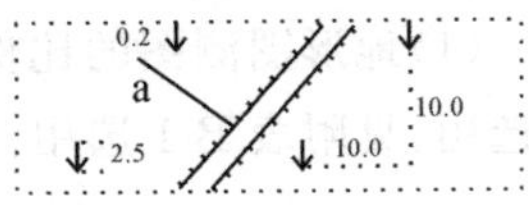		
32	旱地	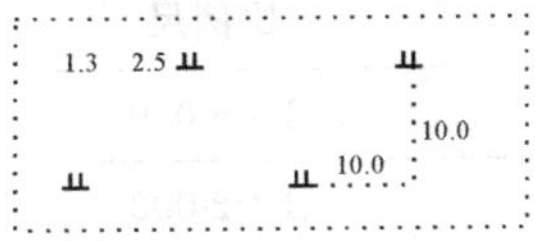		
33	菜地	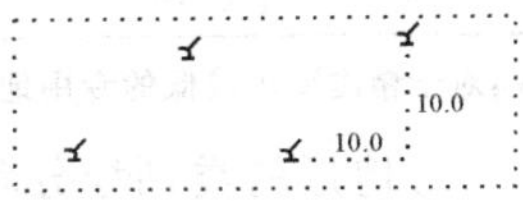		
34	成林	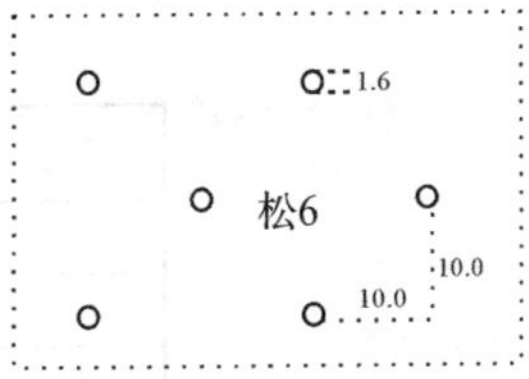		
35	行树 a. 乔木行树 b. 灌木行树	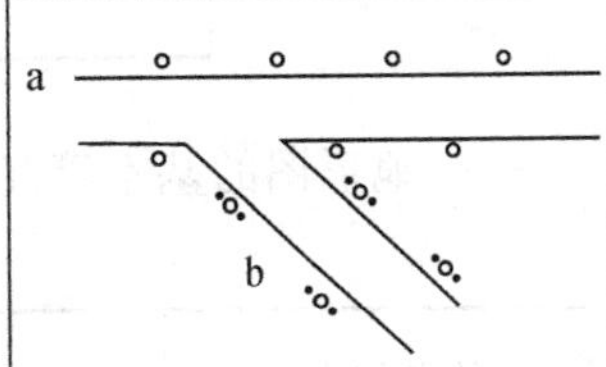		
36	草地 a. 天然草地 b. 改良草地 c. 人工牧草地 d. 人工绿地	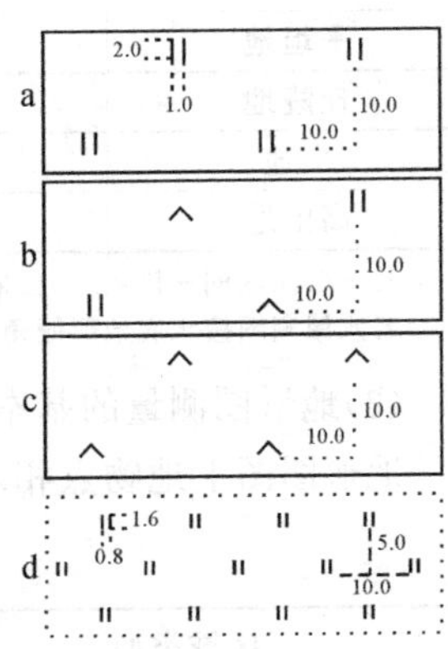		
37	花圃、花坛	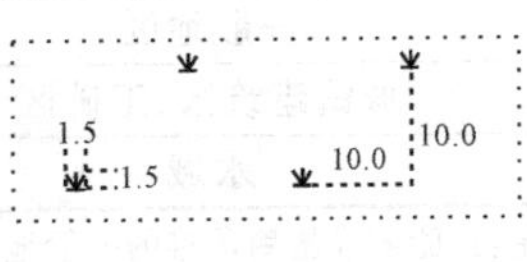		

附录B 《工程测量规范》

(1)地形图测图的比例尺,根据工程的设计阶段、规模大小和运营管理需要和精度要求合理选用,见附表B-1选用。

附表B-1 测图比例尺的选用

比例尺	用途
1∶5 000	可行性研究、总体规划、厂址选择、初步设计等
1∶2 000	可行性研究、初步设计、矿山总图管理、城镇详细规划等
1∶1 000	初步设计、施工图设计;城镇、工矿总图管理;竣工验收等
1∶500	

注:对于精度要求较低的专用地形图,可按小一级比例尺地形图的规定进行测绘或利用小一级比例尺地形图放大成图。

(2)地形的类别划分和地形图基本等高距的确定,应分别符合下列规定:

——应根据地面倾角(α)大小,确定地形类别,见附表B-2。

附表B-2

地形类别	地面倾角α
平坦地	$\alpha<3°$
丘陵地	$3°\leqslant\alpha<10°$
山　地	$10°\leqslant\alpha<25°$
高山地	$\alpha\geqslant25°$

——地形图的基本等高距,应按附表B-3选用。

附表B-3 地形图的基本等高距/m

地形类别	比例尺			
	1∶500	1∶1 000	1∶2 000	1∶5 000
平坦地	0.5	0.5	1	2
丘陵地	0.5	1	2	5
山地	1	1	2	5
高山地	1	2	2	5

注:1.一个测区同一比例尺,宜采用一种基本等高距。

2.水域测图按水底地形倾角和比例尺选择基本等深(高)距。

(3)地形图测量的基本精度要求,应符合下列规定:

地形图图上地物点相对于邻近图根点的点位中误差,不应超过附表B-4的规定。

附表B-4 图上地物点的点位中误差

区域类型	点位中误差/mm
一般地区	0.8
城镇建筑区、工矿区	0.6
水域	1.5

注:1.隐蔽或施测困难的一般地区测图,可放宽50%。

2.1∶500比例尺水域测图、其他比例尺的大面积平坦水域或水深超出20 m的开阔水域测图,根据具体情况,可放宽至2.0 mm。

(4)地形图的分幅和编号,应满足下列要求:

——地形图的分幅,可采用正方形或矩形方式。

——图幅的编号,宜采用图幅西南角坐标的千米数表示。

——带状地形图或小测区可采用顺序编号。

——对于已施测过地形图的测区,亦可沿用原有的分幅和编号。

(5)地形测图,可采用全站仪测图、GPS-RTK 测图和平板测图等方法,也可采用各种方法的联合作业模式或其他作业模式。在网络 RTK 技术的有效服务区作业,宜采用该技术,但应满足本规范地形测量的基本要求。

(6)全站仪测图所使用的仪器和应用程序,应符合下列规定:

——宜使用 6″级全站仪,其测距标称精度,固定误差不应大于 10 mm,比例误差不应超过 $5\times10^{-6}D$。

——测图的应用程序,应满足内业数据处理和图形编辑的基本要求。

——数据通信宜采用通用数据格式。

(7)全站仪测图的方法,可采用编码法、草图法或内外业一体化的实时成图法等。

(8)当布设的图根点不能满足测图需要时,可用极坐标法增设少量测站点。

(9)全站仪测图的仪器安置及测站检核,应符合下列要求:

——仪器的对中偏差不应大于 5 mm,仪器高和反光镜高应量至 1 mm。

——应选择较远的图根点作为测站定向点,并施测另一图根点的坐标和高程,作为测站检核。检核点的平面位置较差不应大于图上 0.2 mm,高程较差不应大于 1/5 等高距。

——作业过程中和作业结束前,应对定向方位进行检查。

(10)全站仪测图的测距长度,不应超过附表 B-5 的规定。

附表 B-5 全站仪测图的最大测距长度

每千米高差中误差/mm	附合路线长度/km	仪器类型	中丝法测回数	指标差较差/(″)	垂直角较差/(″)	对向观测高差较差/mm	附合或环形闭合差/mm
20	5	6″级	2	25	25	$80\sqrt{D}$	$40\sqrt{\Sigma D}$

(11)对采集的数据应进行检查处理,删除或标注作废数据,重测超限数据,补测错漏数据。对检查修改后的数据,应及时与计算机联机通信,生成原始数据文件,存盘并做备份。

(12)作业前,应搜集下列资料:

——测区的控制点成果及 GPS 测量资料。

——测区的坐标系统和高程基准的参数,包括:参考椭球参数,中央子午线经度,纵、横坐标的加常数,投影面正常高,平均高程异常等。

——WGS 84 坐标系与测区地方坐标系的转换参数及 WGS 84 系的大地高基准与测区的地方高程基准的转换参数。

(13)转换关系的建立,应符合下列规定:

——基准转换,可采用重合点求定参数(七参数或三参数)的方法进行。

——坐标转换参数和高程转换参数的确定宜分别进行;坐标转换位置基准应一致,重合点的个数不少于四个,且应分布在测区的周边和中部;高程转换可采用拟合高程测量的方法。

——坐标转换参数也可直接应用测区 GPS 网二维约束平差所计算的参数。

——对于面积较大的测区，需要分区求解转换参数时，相邻分区应不少于两个重合点。

——转换参数宜采取多种点组合方式分别计算，再进行优选。

(14)参考站点位的选择，应符合下列规定：

——应根据测区面积、地形地貌和数据链的通信覆盖范围，均匀布设参考站。

——参考站站点的地势应相对较高，周围无高度角超过 15°的障碍物和强烈干扰接收卫星信号或反射卫星信号的物体。

——参考站的有效作业半径，不应超过 10 km。

(15)流动站的作业，应符合下列规定：

——流动站作业的有效卫星数不宜少于 5 个，PDOP 值应小于 6，并应采用固定解成果。

——正确的设置和选择测量模式、基准参数、转换参数和数据链的通信频率等，其设置应与参考站相一致。

——流动站的初始化，应在比较开阔的地点进行，并应避开水域、建构筑物等造成的多路径影响。

——作业前，宜检测两个以上不低于图根精度的已知点。检测结果与已知成果的平面较差不应大于图上 0.2 mm，高程较差不应大于 1/5 基本等高距。

——作业中，如出现卫星信号失锁，应重新获取初始化，并经重合点测量检查合格后，方能继续作业。结束前，应进行已知点检查。

——每日观测结束，应及时转存测量数据至计算机并做好数据备份。

附录C　市工业园区草铺分区1∶500、1∶2 000数字化地形图测量技术设计书

为满足××市工业园区草铺分区规划设计用图的需要，受甲方委托，××地形测量队（乙方）承揽工业园区草铺分区约29 km^2 的1∶500、1∶2 000数字化地形图测量任务。为统一技术要求，以保证成果质量，特编写本技术设计书。

一、测区概况

测区位于××市以西，以草铺镇为中心，周边约29 km^2 的范围，交通较为便利。

测区地形以丘陵地为主，部分山坡上有树，测区内耕地大部分为旱地，有部分水稻田。

二、设计及作业依据

——《城市测量规范》（GJJ8—1999）。

——《国家三、四等水准测量规范》（GB12898—2009）。

——《国家基本比例尺地图图式 第1部分：1∶500　1∶1 000　1∶2 000地形图图式》（GB/T 20257.1—2007）（以下简称《地形图图式》）。

——《全球定位系统城市测量技术规程》（CJJ73—1997）。

——《大比例尺地形图机助制图规范》（GB14912—2005）。

——《1∶500　1∶1 000　1∶2 000地形图数字化规范》（GB/T17160—2008）。

——审批后的本技术设计书。本设计书未提及的，按《城市测量规范》、《地形图图式》规定执行。

三、已有资料情况

1. 控制资料

（1）由××市规划局提供，Ⅱ、Ⅲ等三角点四个（大龙山、老龙窝、三一二队、三尖山）可作为测区布设首级控制测量平面控制的起算点。

（2）由××市规划局提供，Ⅲ等以上水准点可作为首级控制测量高程控制的起算点（三一二队、绵昆300、东山头、小窝山）。

（3）上述成果为1987昆明坐标系，1985国家高程基准。

（4）测区内已有一级导线点、GPS点可利用。因坐标系不同，需经转换检测符合要求后方可使用。

2. 地形图资料

由××市规划局提供的1∶1万影像图，标有测区范围的1∶500、1∶2 000地形图，1∶5万地形图可作为工作计划用图。

测区内有部分不同坐标系的1∶500、1∶1 000、1∶2 000地形图，可进行联测转换经内业数字化后使用。

四、平面坐标系统、高程系统和基本等高距

（1）平面坐标采用1987××坐标系（1954北京坐标系参考椭球，中央子午线102°，高程抵

偿投影面为 1 800 m)。

(2)高程系统采用 1985 国家高程基准。

(3)基本等高距,1∶500 地形图为 0.5 m,1∶2 000 地形图为 1 m。

五、各等级控制点埋石、密度

(1)在地面或山地埋设一般普通标石(标石由甲方提供),四等点应做 40 cm×40 cm,厚 10 cm的护面,并在基坑内浇铸混凝土。在建筑物楼顶埋设的标石,规格按《城市测量规范》执行。

(2)四等点编号前冠以Ⅳ,如Ⅳ01、Ⅳ02……一级点以测区为单位全区统一编号,在点号前冠Ⅰ,如Ⅰ001、Ⅰ002……

(3)埋石点的密度,四等点在测区内大致均匀布设 30 个点。一级点的布设(包括四等点)平均每 1 幅图(按 1∶500 分幅)不少于一点,1∶2 000 区域一幅上不少于 5 点。在城镇和较大的建筑区内应增加埋石点的密度,在居民地附近至少保证有一对点,对点之间应通视。

(4)选点要求。点位应选在稳固、易于设站和扩展、通视良好、能长久保存的地方。GPS 观测点位应满足 GPS 信号接收的需要,视场内不应有高度角大于 15°的成片障碍物,点位应远离高压线和大功率无线发射源。

六、基础控制测量

1. 平面控制测量

1)GPS 测量

(1)平面控制点采用 GPS 施测,起算点的联测不应少于 3 个点。一级点也可以用测距导线施测。

(2)四等网中最弱相邻点的相对中误差不得超过 5 cm。一级点最弱点中误差相对于起算点的点位中误差不得超过±5 cm。

(3)GPS 作业时采用静态模式观测。主要技术要求如附表 C-1 至附表 C-3 所示。

附表 C-1 GPS 网的主要技术要求

等级	平均距离/km	a/mm	$b(1\times10^{-6})$	最弱边相对中误差
四等	2	≤10	≤10	1/45 000
一级	1	≤10	≤10	1/20 000

注:当边长小于 200 m 时,边长中误差应小于 20 mm。相邻点最小距离应为平均距离的 1/2～1/3,相邻点最大距离应为平均距离的 2～3 倍。

附表 C-2 GPS 闭合环或附合路线边数的规定

等　级	四等	一级	二级
闭合环或附合路线边数	≤10	≤10	≤10

附表 C-3　GPS 各等级观测作业的基本要求

有效观测卫星数	数据采样间隔	卫星高度角	平均重复设站数	时间长度
≥4	10～60″	≥15°	≥1.6	≥45 min

各等级的点位几何图形强度因子 PDOP 值应小于 6。

(4)观测时应量取仪器高两次，并记录于观测手簿中，两次读数差不大于 3 mm，取平均值作为最后结果。

每个点观测均要求用手簿进行记录，记录内容为：点名、点号、观测者、天气、日期、时间、天线高、时段、接收机编号，并将特殊情况记录在备注栏。原始记录应字迹清楚、整齐，不得涂改。

(5)基线解算采用随机软件进行解算。数据处理应满足《全球定位系统城市测量技术规程》第 9 条要求。

基线测量精度及所组成的异步环的坐标差分量闭合差及环闭合差应符合下式规定，即

$$\left.\begin{aligned}&\delta=\sqrt{a^2+(bd)^2}\ (\text{mm})\\&W_x\leqslant 2\sqrt{n}\delta、W_y\leqslant 2\sqrt{n}\delta、W_z\leqslant 2\sqrt{n}\delta\\&W\leqslant 2\sqrt{3n}\delta、W=\sqrt{W_x^2+W_y^2+W_z^2}\\&\Delta S\leqslant 2\sqrt{2}\delta\end{aligned}\right\}$$

式中，$a=10$ mm；b 为比例误差因子，对应四等、5″、8″时分别取 20×10^{-6}、30×10^{-6}、40×10^{-6}；d 为基线长度，单位为千米；W_x、W_y、W_z 为坐标差分量闭合差；W 为环闭合差；n 为测站数，ΔS 为复测基线长度差。

2)光电测距导线

光电测距导线测量的技术要求如附表 C-4 和附表 C-5 所示。

附表 C-4　光电测距导线技术要求

等级	附合导线长度	平均边长	测距中误差	测角中误差	导线全长相对闭合差
一级	3.6 km	300 m	≤±15 mm	≤±5″	1/14 000

附表 C-5　导线测量水平角观测的技术要求

等级	半测回归零差 DJ2	一测回内 2C 较差	测距中误差	同一方向值各测回较差	测距测回数	测角测回数 DJ2	方位角闭合差
一级	8	13	≤±15 mm	9″	2	2	$\leqslant\pm10''\sqrt{n}$

注：表中 n 为测站数。

当附合导线长度短于规定长度的 1/3 时，导线全长的绝对闭合差不应大于 13 cm。附合导线的边数不能超过 12 条。

光电测距应满足《城市测量规范》中 2.4 的要求。

2. 高程控制测量

(1)四等点以四等水准精度联测，一级点以五等水准精度联测。四等水准测量可采用光电测距三角高程测量代替四等水准测量，也可二者交替进行。

(2)四等水准网中最弱点的高程中误差相对于起算点不得大于 20 mm。

(3)四等水准测量技术要求如附表 C-6 和附表 C-7 所示。

附表 C-6 四等水准测量技术要求

每千米高差中数中误差		附(闭)合水准路线长/km	路线闭合差/mm
偶然中误差 m_{Δ}	全中误差 m_W		
≤±5 mm	≤±10 mm	≤15	$\leqslant \pm 20\sqrt{L}$

注:L 为附(闭)合路线长度,以千米为单位。

附表 C-7 四等水准观测技术要求

视距	前后视距差	前后视距累积差	红黑面读数差	红黑面所测高差之差	视线高度
≤80 m	≤5 m	≤10 m	3.0 mm	5.0 mm	三丝能读数

四等水准测量采用双面尺中丝读数法,视距丝直读距离,观测顺序为"后—后—前—前"。

(4)四等光电测距三角高程测量。

高程导线边长的测定,应采用不低于Ⅱ级精度的测距仪往返各观测一测回,其边长不大于 1 km,测距的各项限差和要求应符合《城市测量规范》2.4 的规定,每站应读取气压、温度。

垂直角观测应采用 DJ2 经纬仪按中丝法观测三测回,垂直角测回差和指标差均不应大于 7″。高差测定应采用对向观测,对向观测高差较差不应超过 $\pm 40\sqrt{D}$ (mm),其中 D 为测距边水平距离,单位千米。附合路线闭合差限差同四等水准要求,附合路线长度不大于 15 km。

仪器高、觇牌高应在观测前后各量测一次,读至 1 mm,当较差不大于 2 mm 时取中数。

观测成果的记录、整理、检验和计算应满足《城市测量规范》中 3.6 的要求。

七、图根控制测量

1. 图根平面控制测量

图根点是直接提供地形图测绘的依据,应在以上各等级控制点基础上加密布设,图根点的密度应以满足测图需要。建筑物密集地区应适当增加,空旷地区可适当减少,但要保证测图需要的控制密度。

图根点主要以光电测距导线布设,其主要技术要求如附表 C-8 所示。

附表 C-8 光电测距导线主要技术要求

比例尺	导线长度/m	平均边长/m	测距测回数	测角测回数		方位角闭合差	导线全长相对闭合差
				DJ2	DJ6		
1∶500	900	80	1	1	1	$\pm 40'' \sqrt{n}$	1/4 000
1∶2 000	3 000	250	1	1	1	$\pm 40'' \sqrt{n}$	1/4 000

注:表中 n 为测站数。

导线长度短于表 1/3 时,其绝对闭合差不应超过 0.15 m。图根点相对于起算点的点位中误差不得超过±5 cm。

图根导线一般应为附合导线，不宜超过两次附合。当遇到较大单位只有一个出入口时，允许采用闭合导线。

2.图根高程控制测量

图根点的高程中误差不得大于测图基本等高距的1/10。技术要求见附表C-9和附表C-10。

附表C-9　水准测量的技术要求

等级	附(闭)合路线全长/km	附(闭)合路线高程闭合差/m	仪器至标尺距离/m	观测方法
五等	12	$30\sqrt{L}$	100	中丝单程双面读数至毫米
图根	8	$40\sqrt{L}$	100	中丝单程读数至毫米

附表C-10　光电测距三角高程导线的技术要求

等级	平均边长/m	边数	中丝法垂直测回数		各测回垂直角及同一方向指标差较差		往返测高差之差/m	路线全长闭合差/mm
			DJ2	DJ6	DJ2	DJ6		
五等	300	18	2	4	15″	25″	0.2S	$24\sqrt{n}$
	500	12	2	4	15″	25″	0.2S	$30\sqrt{n}$
图根		12	1	1	15″	25″	0.4S	$40\sqrt{L}$

注：S为边长，以千米为单位，不够0.1 km的按0.1 km计算；n为边数；L为路线长度，单位km。

八、地形图测绘

(1)成图方法：采用解析法数字化成图。

(2)基本比例尺为1∶500、1∶2 000。

(3)成图软件：南方CASS50成图软件。

(4)地形图的分幅采用50 cm×50 cm正方形分幅，图幅号按图幅西南角坐标计算编号，格式为N_1+N_2，计算方法为

1∶500：　$N_1=(X-2\,520.0)\times4$，　$N_2=(Y-840.0)\times4$。

1∶2 000：　$N_1=X-2\,520.0$，　$N_2=Y-840.0$。

以图内显著名称作为该图图名。

(5)地形图的精度。图上地物点相对于邻近图根点的点位中误差不超过±0.5 mm(图上)，邻近地物点间距中误差不超过±0.4 mm(图上)，高程注记点建筑区相对于邻近图根点的高程中误差不超过±0.15 m，其他地物点、地形点测距的最大长度见附表C-11，高程注记点间距见附表C-12。高程注记点相对于邻近图根点的高程中误差不超过1/2等高距。隐蔽地区可放宽50%。

附表C-11　地物点、地形点测距的最大长度

比例尺	地物点	地形点
1∶500	80 m	300 m
1∶2 000	300 m	800 m

附表 C-12 高程注记点的间距

比例尺	1:500	1:2 000
高程注记点的间距	10 m	30m

注：高程注记点应分布均匀，注记到千米位，地形简单地区可放宽至 1.5 倍。

(6)用全站仪施测地物点、地形点时，测距一次读数，当经纬仪 2C 差小于 40″时，水平角可测半测回；每一测站测完碎部点后应归零检查，归零差应不大于 40″。

测站定向后需用另一已知点进行定向检查。检查精度平面小于 0.15 m，仪器对中偏差不大于 5 mm，仪器觇标高量到 0.01 m。

(7)建筑区和不便于绘等高线的地方，可不绘等高线。

(8)居民地的表示。

——外围轮廓及街道应准确绘出，内部可做较大综合。房屋的轮廓以墙基外角为准，地下室不作专门表示。

——菜地、果园、旱地等农用地中以木、油毡纸、草等为材料建造的简单房，住人的应表示，对轮廓小的拐角可适当综合取舍。

——街道、公路、广场、空地上的花圃、花坛轮廓线以实线表示；以内部道路边线为轮廓线的花圃、花坛边线以虚线表示，符号配置见《地形图图式》。城镇内道路边的汽车候车亭实测范围用实线表示，内配《地形图图式》相关符号，没有候车亭的公共汽车站可不表示。

——杆上变压器符号应注意表示输入高压线符号及输出低压线符号的配置。

——街道边的邮筒、街道名称牌、小于 1 m 的小型广告牌不表示。交通红绿灯不表示，其支撑电杆应实测。

——横跨街道、公路的路标、宣传栏、广告牌用《地形图图式》相关符号按其方向表示，当广告牌、路标、宣传栏等为双面设计时，优先选取朝向北、向西方向表示。

——街道中间、花圃中间单柱支撑的宣传栏、广告牌仿照《地形图图式》相关符号表示。

——单柱支撑表示道路、单位通道情况的标志牌用《地形图图式》相关符号表示。

——桥梁、广场、街道、公路上的路灯用《地形图图式》相关符号表示，简陋的路灯不表示。

——街道名称、河流名称、道路名称、管线类别等注记的字向和字序应按《地形图图式》相关注记规则执行。

——地形图编辑时，各种注记的字体大小、字形、方向要认真按《地形图图式》规定执行。

——地形图上高程注记应分布均匀，一般每方格应不少于 10 个高程注记点(含房屋、地物的高程点)，在街道交叉口中心线、道路路面、桥面、广场、地下检修井口、较大空地等位置适当加注高程，高程 1∶500 注记到厘米，1∶2 000 注记到分米。

——围墙、栅栏、栏杆、篱笆和铁丝网等围护物，均应实测，在墙基上面筑栏杆的按围墙表示。

——本测区不表示各类境界。

(9)地形图的测绘内容及取舍按《城市测量规范》4.6 的要求执行。

九、保证质量主要措施和要求

(1)为确保产品质量达到规范、设计书的要求，测区设立项目负责、技术负责、质量负责各一人，分工明确，责任到人，从生产的每一个环节抓起，统一调配、相互协调、科学管理，严把产品质量关。

(2)对参加本测区的全体作业人员进行质量意识教育和业务培训，确保施测工作顺利进展。

(3)严格执行测绘仪器送检制度，未经检定或检定不合格的仪器、设备不得进入测区。

(4)认真做好“第一点”、“第一幅”的生产和首检工作，及时发现并处理技术问题，项目负责、技术负责人要经常深入生产第一线及时了解和掌握生产进度和质量状况，对存在的质量问题提出改进措施，确保产品质量。

(5)坚持二级检查，一级验收制度。经作业人员自查互校后交设在中(分)队专职检查人员进行过程检查，再向院提交最终检查申请，经院最终检查后，确认成果成图资料齐全、数据准确无误，方可提交甲方验收。

十、成果资料的整理与上交

成果的资料包括：

(1)数字化地形图测量技术设计书(3份)。

(2)检查报告及精度统计表、质量评价表(3份)。

(3)技术总结报告(3份)。

(4)控制资料：观测手簿、计算手簿(附控制点联测略图)、控制点成果表、等级控制点点之记。

(5)1∶500数字化地形图(光盘5套、纸图5份)。

(6)1∶2 000数字化地形图(光盘5套、纸图5份)。

(7)1∶5 000编绘地形图(光盘5套、纸图5份)。

(8)野外采集的原始数据文件(附于数字化地形图的光盘内)。

(9)等级控制点展点略图与通视图(光盘四张、纸图4份)。

(10)等级控制点成果表(4份、光盘4张)。

附录D　1∶2 000 地形图样图

附录E　点之记

<table>
<tr><td colspan="5"></td><td>所在图幅</td><td colspan="3"></td></tr>
<tr><td colspan="5"></td><td>点号</td><td colspan="3">D20</td></tr>
<tr><td>点名</td><td>变电所</td><td>类级</td><td>E</td><td>概略位置</td><td colspan="4">×××变电所院内</td></tr>
<tr><td>所在地</td><td colspan="3">××××变电所</td><td>最近住所位置</td><td colspan="4">×××招待所</td></tr>
<tr><td>地类</td><td></td><td>土质</td><td></td><td>冻土深度/m</td><td colspan="2">0.5</td><td>解冻深度/m</td><td>0.5</td></tr>
<tr><td>最近邮电设施</td><td colspan="3">×××邮电局</td><td>供电情况</td><td colspan="4">良好</td></tr>
<tr><td>最近水源</td><td colspan="3">变电所</td><td>石子来源</td><td colspan="2">自备</td><td>沙子来源</td><td>自备</td></tr>
<tr><td>本点交通情况(至本点通路与最近车站、码头名称)</td><td colspan="3">×××地至×××地长途汽车，×××站下车，东行三百米路北侧，交通便利</td><td>交通路线图</td><td colspan="4"></td></tr>
<tr><td colspan="4">点位叙述</td><td colspan="5">点位略图</td></tr>
<tr><td colspan="4">本点位于×××变电所院内，大门西侧，草坪南侧。具体尺寸见点位略图所示。</td><td colspan="5">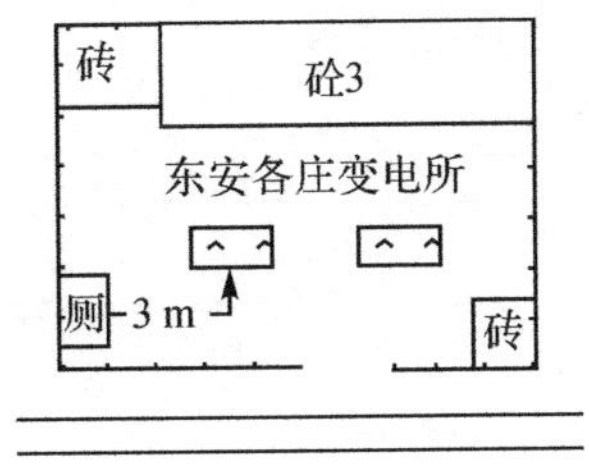
</td></tr>
<tr><td>单位</td><td colspan="8"></td></tr>
<tr><td>选点员</td><td colspan="2">张三</td><td>日期</td><td colspan="5">2009-03-05</td></tr>
<tr><td>埋点员</td><td colspan="2">李四</td><td>日期</td><td>2009-03-05</td><td colspan="2">埋石类型</td><td colspan="2">水泥浇筑</td></tr>
<tr><td colspan="3">是否需要联测坐标与高程</td><td colspan="6"></td></tr>
<tr><td colspan="3">建议联测等级与方法</td><td colspan="6"></td></tr>
<tr><td>备注</td><td colspan="8"></td></tr>
</table>